项目组织   资金支持

UNDP-GEF 东亚—澳大利西亚迁飞路线中国候鸟保护网络建设项目丛书

中国野生动物保护协会文库 ｜ 红树林基金会文库

湿地力量

——湿地教育（CEPA）中国案例汇编

国家林业和草原局林草调查规划院

中国野生动物保护协会

红树林基金会（MCF）

组织编写

中国林业出版社
China Forestry Publishing House

图书在版编目（CIP）数据

湿地力量：湿地教育（CEPA）中国案例汇编／国家林业和草原局林草调查规划院，中国野生动物保护协会，红树林基金会（MCF）组织编写 . -- 北京：中国林业出版社，2025. 3. -- (UNDP-GEF 东亚—澳大利西亚迁飞路线中国候鸟保护网络建设项目丛书)（中国野生动物保护协会文库）（红树林基金会（MCF）文库）. -- ISBN 978-7-5219-2993-5

Ⅰ. P941.78

中国国家版本馆 CIP 数据核字第 2024TE7370 号

策划及责任编辑：葛宝庆

封面设计：杨慧

————————————————

出版发行：中国林业出版社

（100009，北京市西城区刘海胡同 7 号，电话 83143612）

电子邮箱：cfphzbs@163.com

网址：www.cfph.net

印刷：北京雅昌艺术印刷有限公司

版次：2025 年 3 月第 1 版

印次：2025 年 3 月第 1 次

开本：710mm×1000mm 1/16

印张：12.25

字数：213 千字

定价：128.00 元

前言

　　湿地与森林、海洋并称为地球上三大生态系统，在抵御洪水、调节气候、涵养水源、降解污染物、应对气候变化、维护全球碳循环和保护生物多样性等方面，发挥着不可替代的作用。自 1992 年加入《关于特别是作为水禽栖息地的国际重要湿地公约》（以下简称《湿地公约》）以来，中国逐步建立、健全了湿地保护修复制度体系、法律法规体系、调查监测体系，相继颁布了《全国湿地保护工程规划（2002—2030 年）》《中华人民共和国湿地保护法》《全国湿地保护规划（2022—2030 年）》等，完成了 3700 多个湿地保护修复项目，授予 13 个城市"国际湿地城市"称号，指定了 82 处国际重要湿地，58 处国家重要湿地，建立了 600 多个湿地自然保护区、900 余处国家湿地公园。截至 2024 年年底，全国湿地总面积达到 5635 万公顷，其中有 1100 万公顷的湿地被纳入国家公园体系加以保护。

　　在湿地保护事业发展的过程中，湿地教育 CEPA（交流传播 Communication、能力提升 Capacity Building、教育 Education、参与 Participation、意识提升 Awareness) 是重要的工作内容，在提升保护意识、增强湿地教育和公众动员等方面发挥了重要作用。中国湿地保护硕果累累的历程，也是湿地教育在中国不断发展完善，走向专业化，发挥更大影响力的历程。湿地教育让更多人理解湿地保护的意义，是保护事业能够得到人民认可的根基和抓手。2019 年，国家林业和草原局发布了《关于充分发挥各类自然保护地社会功能 大力开展自然教育工作的通知》，强调了自然教育在保护地承担和发挥社会服务功能方面起到的重要作用。2022 年，党的二十大报告指出："中国式现代化是人与自然和谐共生的现代化。"这既是中国湿地教育事业发展的新机遇，也给湿地教育未来的发展提出了更高要求：如何引导公众真正走进湿地，并体验湿地之美，认同湿地保护理念，真正参与保护行动，是评判湿地教育的最终标准。

为此，国家林业和草原局林草调查规划院、中国野生动物保护协会、红树林基金会（MCF）于2023年11月联合发起中国湿地教育案例征集活动，面向全国征集由政府、湿地类型自然保护地、社会组织、学校、企业等发起或参与的湿地教育CEPA案例，并从中评选出具有中国湿地教育特色的典型案例，在行业中进行交流与分享，向世界展示中国湿地教育工作的成果。

2024年3月，活动主办方组织行业专家对所征集到的案例进行评选。评选时，专家既要考虑该案例所代表的CEPA类型、影响/活动范围（全国、地区和特定场域），同时又要考虑其是否具有独特性、在地性、创新性、可复制性和可持续性。最终，我们在征集到的40个案例中，评选出1个特别推荐案例、13个典型案例和12个入围案例。其中，"特别推荐案例"是指影响范围广、影响力大、为中国乃至世界湿地教育发展提供示范路径的案例；"典型案例"是在CEPA的5个维度中的某个或多个维度具有示范效应的案例；"入围案例"是指CEPA活动有亮点的案例。书中"特别推荐案例"和"典型案例"展示了案例背景、内容、亮点、思考和单位简介等信息；"入围案例"展示了案例简介、专家推荐意见和单位简介信息。

根据《湿地公约》CEPA计划的5个目标，我们将以上案例分为交流传播Communication、能力提升Capacity Building、教育Education、参与Participation 4个活动目标维度（所有的湿地教育CEPA活动的目标都包含意识提升，因此不将意识提升Awareness作为单独维度列出）。在入选的案例中，有些案例只涉及1个维度，如华中里小学的案例体现了教育维度；有些案例则涉及2个或多个维度，如全国"爱鸟周"自然笔记活动涉及交流传播和能力建设维度，公民科学与广西北部湾滨海湿地保护项目则涉及交流传播、能力建设和公众参与3个维度。

在这26个案例中，涉及交流传播维度的案例有4个，涉及能力建设维度的案例有7个，涉及教育维度的案例有20个，涉及公众参与维度的案例有7个。在影响/活动范围方面，覆盖全国的案例有5个，如国家湿地公园创先联盟、湿地教育中心行动计划、《生机湿地》教材研发和培训项目等；以地区为活动范围的案例有11个，如探索苏州湿地教育路径的"苏州"案例、聚焦鄱阳湖地区湿地教育能力提升的《鄱阳湖奇趣生活》项目、覆盖长江流域的留住江豚的微笑项目等；服务于特定场域的案例有11个，如香港米埔自然保护区的教育案例、黄河三角洲鸟类博物馆的鸟类研学案例、上海崇明东滩鸟类国家级自然保护区的社会公益参与场域运营案例等。

此外，这26个案例还囊括了中国各类湿地类型自然保护地、社会组织和教育机构的实践，呈现了丰富多样的、鲜活的中国湿地保护、教育和宣传经验，展现出中国湿地教育工作在社会参与、公众动员、学校联动、媒体传播、社区发展等方面的创新，是全国湿地教育发展的缩影。

虽然入选的案例基本上都围绕着湿地自然保护地和学校开展，但是大部分案例都有社会公益组织的参与。这些组织或参与整个项目的策划实施，或参与项目的部分实施工作，或为项目提供资金或专业技术支持，在湿地教育工作中发挥着重要的作用。这体现了中国湿地教育的发展趋势，即湿地自然保护地、学校等已经成为社会参与湿地保护、开展湿地教育的重要平台。同时，在社会力量的支持下，各湿地的工作重点也从"硬件"建设转向"软件"提升，湿地保护部门的主体意识、协作意识更强。政府、湿地类型自然保护地与社会组织、企业的合作不断加强，多方在活动实践、模式研究、能力建设和资金支持等方面开展合作探索，形成对湿地教育CEPA发展的合力。

当然，我们也不应忽略案例中所反映出的现有的不足和面临的挑战。在这些案例中所涉及的社会组织，集中在国内几家在湿地保护领域资金较为充裕、较有影响力的机构，多样性稍有不足。在社会组织的参与形式方面，以提供专业支持为主，与湿地教育在品牌宣传、人员培养、资金投入的巨大需求相比，社会资源的投入仍然较少。同时，湿地教育活动更多是以观鸟、湿地导览等活动形式为主，活动的多样性、专业性和深度都有待提高。以上思考，或可成为今后中国湿地教育工作努力的方向。

本书中案例均由"中国湿地教育CEPA案例征集活动"申报单位提供，并授权使用其资料。编者根据案例出版要求，在申报单位授权下对案例进行整理、编辑，因编者能力有限，其中定有诸多不足之处，敬请谅解。感谢各个投稿单位的大力支持，希望未来有更多的湿地类型自然保护地、社会组织、学校、企业和个人加入湿地教育工作。让我们共同努力，一起迎接人与自然和谐共生的未来。

本书编委会

2024 年 11 月

目录

入围案例

第一章

中国湿地教育 CEPA 发展

1.《湿地公约》

20 世纪 60 年代，随着经济发展和人口增加，全球湿地以惊人的速度被破坏。为防止作为众多水禽繁殖和越冬的栖息地——湿地的丧失，1971 年 2 月，全球多个国家和地区在伊朗拉姆萨尔签署了《关于特别是作为水禽栖息地的国际重要湿地公约》（以下简称《湿地公约》）。《湿地公约》是政府间条约，为缔约国实施湿地及其资源保护、有效利用当地湿地和国际合作提供框架。截至 2023 年 10 月，全球共有 172 个国家和地区签署了该公约，涉及全球超过 1550 个湿地，约 1.3 亿公顷。

中国湿地类型齐全、数量丰富，湿地面积居亚洲第一、世界第四。其中，四川若尔盖国际重要湿地、江西鄱阳湖鸟类国际重要湿地、山东黄河三角洲国际重要湿地、上海崇明东滩国际重要湿地、浙江杭州西溪国际重要湿地等为人们所熟知。中国于 1992 年加入《湿地公约》，成为其缔约方之一。随后，中国相继颁布了《中华人民共和国湿地保护法》、《关于加强湿地保护管理的通知》（国办发〔2004〕50 号）、《全国湿地保护规划（2022—2030 年）》等政策法律规划文件，成立了跨部门的国家履约委员会，并积极参与国际合作，在湿地保护和利用方面取得显著成绩。国家林业和草原局的调查数据显示，中国现有湿地面积约 5635 万公顷，拥有国际重要湿地 82 处、湿地自然保护区 600 多个。

2022 年 11 月，《湿地公约》第十四届缔约方大会（COP14）在中国武汉和瑞士日内瓦同步举行。国家主席习近平以视频方式出席大会开幕式，并以《珍爱湿地　守护未来　推进湿地保护全球行动》为题为大会致辞。在此次缔约方大会上，与会代表就《武汉宣言》《2025—2030 年全球湿地保护战略框架》等多项重要决议达成一致。其中，由中国提议的《设立国际红树林中心》《将湿地保护和修复恢复纳入国家可持续发展战略》《加强小微湿地保护和管理》3 项决议获得通过，有力促进了全球湿地保护事业的高质量发展。

2.《湿地公约》CEPA 计划

为达成"通过地方和国家行动以及国际合作，保护和合理利用所有的湿地，为实现全球

香港米埔湿地教育中心（世界自然基金会香港分会供）

可持续发展作出贡献"这一使命，《湿地公约》于 2003 年提出了 CEPA 计划。CEPA 计划是实施《湿地公约》战略规划的重要工具。2008 年，《湿地公约》第十届缔约方大会（COP10）通过了第 X.8 号决议，鼓励已经建立或即将建立湿地教育中心及相关设施的缔约国，将湿地教育中心发展成为举办 CEPA 活动的重要场所。2015 年，《湿地公约》第十二届缔约方大会（COP12）通过了《湿地公约》的第四个 CEPA 计划（2016—2024），提出"所有缔约国都能在本国的每一个国际湿地上建立至少一个湿地教育中心"的重要目标，同时增加了能力建设（Capability Building）这一重要工作内容。

3. 湿地教育中心

CEPA 计划将湿地教育中心定义为一个人和野生生物之间存在互动，并定期提供以湿地保护为前提的交流、教育、公众参与和意识提升活动，同时也为来访的游客提供基础硬件设施的场所。

湿地教育中心不局限于特定的环境，可以是自然保护区、城市公园、植物园、动物园、博物馆等，也可以是生活社区、学校等。湿地教育中心可以由政府成立和运营，也可由非政府机构、企业或私人发起和管理；可以是由政府财政拨付资金、基础设施完善、管理人员充足、课程体系完善的国家级自然保护区湿地教育中心，也可以是主要依赖私人资助，聚焦小范围生物多样性保护的湿地。

虽然各湿地教育中心的环境不一样、运营主体不同、开展的 CEPA 活动有所差别，但是湿地教育中心应始终与湿地和教育有联系，须以提升访客对湿地的认识为目标。

▲ 国际湿地教育中心发展

国际湿地网络（Wetland Link International, WLI）是《湿地公约》认可的，由英国水鸟与湿地保护基金会所建立。它是全球湿地教育中心伙伴相互沟通和信息交流的平台，其目标是帮助世界各地的政府和相关机构建立新的湿地教育中心或提升现有的湿地教育中心。

如今除南极洲外，全球各大洲都建有湿地教育中心。WLI 已在全球 6 大洲拥有 350 多名会员。国际上被人们熟知的湿地教育中心，如伦敦湿地公园、新加坡双溪布洛湿地保护区、韩国顺天湾湿地公园等，以及国内有名的湿地教育中心，如香港湿地公园、香港米埔自然保

国际湿地网络（WLI）标志

护区、广东内伶仃福田国家级自然保护区、苏州吴江同里国家湿地公园等，都是 WLI 网络的成员。截至 2024 年，中国大陆地区已有 11 个湿地教育中心加入了该网络。其中，上海崇明东滩鸟类国家级自然保护区、广东深圳华侨城国家湿地公园和深圳福田红树林生态公园在 2022 年获得国际星级湿地奖项，成为中国优秀湿地教育中心的代表。

▲ 中国湿地教育发展

1. 中国湿地教育发展新契机

进入 21 世纪以来，随着湿地保护事业的不断发展，湿地教育工作也迎来新的发展契机。尤其党的十八大以来，中国生态文明建设步入快车道，湿地教育受到了广泛关注。党的二十大提出建设人与自然和谐共生的中国式现代化的宏伟目标，为中国湿地教育事业发展带来了崭新的机遇和广阔的舞台。湿地教育 CEPA 计划可以引导公众正确认识湿地、培养湿地友好行为，是保护湿地发展成果的重要工具，也是开展湿地保护工作的重要抓手。在湿地类型自然保护地开展湿地教育已成为湿地管理部门和公众的共识。其次，随着湿地保护事业的发展，新增的湿地类型自然保护区、国家湿地公园等都对湿地教育提出明确要求，从规划到执行设置了详尽的工作任务。最后，湿地教育工作经过长期积累，正面临更高要求和挑战。过去在宣教工作中常用的一些方式，如展馆、步道加展板的硬件设施，一套活动方案打天下等粗犷宣教模式已不能满足当下公众对湿地深入体验和学习的需求，需要我们进一步思考并探索新的发展方向。

2. 湿地教育中心发展的主要方向

湿地教育中心的发展需统筹规划，以支持湿地保护为基础、实现生态价值为目标。其重心应从硬件设施为主转向软硬件并施，注重课程设计和人员培养。此外，湿地教育中心应成为社会参与湿地保护的平台，通过合作提高公众参与度，响应国家政策，推动自然教育事业发展。

第一，湿地教育中心的发展需要统筹规划。随着国家对湿地保护工作的推进，公众对湿地关注度的日益提升，生态旅游、研学活动等逐渐将湿地类型自然保护地作为重要的目的地，这给湿地的生态环境和湿地保护工作带来了一定的挑战。湿地教育中心的目的应该是在不危及现存野生动物及其生存条件的前提下，通过交流传播、能力提升、教育、参与和意识提升等 CEPA 活动，使公众与自然产生互动，从而支持湿地保护。因此，在创建湿地教育中心和开展湿地教育活动之前，湿地类型自然保护地需要考虑湿地条件和保护目标，对湿地教育中心的发展进行规划和优化，明确发展方向，真正体现湿地的生态价值，并支持湿地保护目标的实现。

第二，湿地教育工作的重心应由专注"硬件"设施转向"软硬两手抓"。过去，湿地教育中心的建设侧重于展厅、栈道、步道、观鸟屋等硬件设施，缺乏与之相配套的课程、活动方案和解说服务等"软件"条件，导致硬件设施的功能未能充分发挥，无法满足访客对深度体验的需求，也未能实现湿地教育中心的创建目标。因此，未来的湿地教育中心，在确保保护功能和目标的前提下，不仅要持续提升基础建设水平，为自然教育提供有利条件，还应更加注重发展以自身专业能力为依托的软实力，通过活动方案设计、课程研发、人员培养、传播活动等方式，突出湿地的特色和价值。

第三，湿地教育中心应成为社会参与湿地保护的平台。针对宣教人员编制不足的现状，湿地类型自然保护地需要更多社会支持，以实现持续发展。通过与教育部门、科研单位、自然教育机构、社会公益组织等合作，湿地教育中心可以成为社会各界参与湿地保护的平台，激发社会参与湿地教育中心建设的积极性。2019 年，国家林业和草原局发布了中国第一份由国家政府部门部署开展中国自然教育工作的指导文件——《关于充分发挥各类自然保护地社会功能 大力开展自然教育工作的通知》，强调了自然教育在自然保护地社会服务功能中的重要作用，并提倡"开放、自愿、合作、共享、包容、服务"的理念，以满足公众对自然体验和学习的需求，推动公众更广泛地参与自然保护事业。

国家林业和草原局关于加强自然教育的指导文件

3. 湿地教育中心行动计划搭建湿地教育交流平台

湿地教育中心行动计划（China Wetland Center，CWC）是由国家林业和草原局湿地管理司和红树林基金会（MCF）共同发起的，旨在通过开展自然保护地的湿地教育活动，探索公众参与湿地保护的新模式。该计划在 2022 年 11 月 9 日《湿地公约》第十四届缔约方大会（COP14）上正式启动，目的是为有效保护湿地奠定公众支持和社会参与的基础，进而推动湿地保护的长期发展。

湿地教育中心行动计划是中国针对湿地保护和教育发起的一项全面计划，旨在通过以下几个核心目标来推动湿地自然保护地的湿地教育的专业化发展，建立湿地类型自然保护地与公众，特别是与中小学生的联结，帮助公众了解、认同、支持、参与湿地保护工作，探索湿地教育的中国模式，并展现中国湿地保护成效。

(1) 引导公众参与，推动湿地保护

该计划致力于通过教育活动，提高公众对湿地保护的认识和参与度。湿地教育中心行动计划将探索新的教育模式，示范如何有效地传播湿地保护的重要性，培养湿地"粉丝"，即湿地保护的积极支持者。

(2) 探索中国模式，搭建参与平台

该计划强调建立一个以自然保护地为核心的社会参与平台，鼓励包括教育机构、社会组织、企业、志愿者团体在内的多方参与，共同推动湿地保护工作。

(3) 提升专业能力，打造优秀样板

该计划通过团结开展湿地教育活动的自然保护地，选择具有地域、生态等不同发展特色的地区，打造一批标准的湿地教育中心，成为湿地教育的典范。

(4) 展现保护成绩，引领国际实践

该计划不仅面向国内公众，也致力于在国际舞台上展示中国在湿地保护和教育方面的成果和成就，以期成为全球湿地保护的引领者。

首届中国红树林湿地教育中心国际研讨会［红树林基金会（MCF）供］

截至 2024 年，湿地教育中心行动计划已吸引了 90 个成员，包括 45 个湿地类型自然保护地成员和 45 个伙伴机构成员。该计划通过举办年会、湿地教育 CEPA 培训、论坛等活动，促进成员单位和伙伴机构参与交流和互动。此外，还在多个湿地类型自然保护区如上海崇明东滩鸟类国家级自然保护区、江西鄱阳湖国家级自然保护区、江西鄱阳湖南矶湿地国家级自然保护区、江西都昌候鸟省级自然保护区、广东珠海淇澳—担杆岛省级自然保护区等开展湿地教育规划和能力培训，推动黄河三角洲等地区研学课程的研发等。行动计划还发起全国"爱鸟周"自然笔记活动、湿地守护星项目、校园小红花观鸟角、小白鹭公民科学活动等公众参与湿地保护的品牌活动，通过这些活动提高了公众对湿地保护的认识和参与度；同时，梳理湿地教育经验、编写活动手册等，展现湿地教育的优秀案例，进一步推动湿地保护价值得到体现和认可。

4. 中国湿地教育中心遍地开花

随着中国湿地教育事业的不断发展，各地不断涌现出优秀的湿地教育中心，如浙江杭州西溪国家湿地公园、江苏吴江同里国家湿地公园、广东内伶仃福田国家级自然保护区、深圳福田红树林生态公园、广东深圳华侨城国家湿地公园、广东广州海珠国家湿地公园、上海崇明东滩鸟类国家级自然保护区、江西鄱阳湖国家级自然保护区等。这些湿地教育中心依托当地资源，积极开展湿地教育活动，有效提升了公众的湿地保护意识。

与此同时，众多国内社会公益机构、学校等正在积极探索多样化的方法来开展湿地教育活动，并已取得显著效果。以"国际湿地城市"武汉为例，当地的中小学和幼儿园利用本地的资源优势，研发了与湿地相关的校本教材，组建了观鸟社团，并启动了湿地小卫士志愿者活动等，其中，江汉区华中里小学、东湖华侨城小学、启慧幼儿园等已成为湿地教育的典范。社会公益组织也利用其优势，不断探索新途径，促进湿地教育 CEPA 活动的多元化发展。例如，国际湿地组织推动了湿地学校认证工作；保护国际基金会与江西鄱阳湖国家级自然保护区合作编写了《鄱阳湖的奇趣生活：鄱阳湖湿地和鸟类保护自然教育读物》自然教育读本，并与周边社区合作建立了候鸟书屋；世界自然基金会开发了环境教育教材，并尝试通过明星的影响力提高公众对长江江豚保护的参与度；红树林基金会（MCF）联合政府、湿地类型自然保护地和学校，开展面向中小学师生的"爱鸟周"自然笔记品牌活动，并与深圳政府合作，成立了国际红树林志愿者学院。这些努力构成了中国湿地教育工作的重要基石。

香港米埔自然保护区导览活动（世界自然基金会香港分会供）

沙家浜湿地公园"生物多样性"活动（苏州市湿地保护管理站供）

第二章

中国湿地教育
CEPA 案例

特别推荐
案例

湿地学校:
让湿地教育之"花"开满祖国大地

▲▲ 案例信息

申报单位:国际湿地(International Wetlands & River Beijing)

案例所在单位:国际湿地(International Wetlands & River Beijing)

CEPA 类型:教育

案例覆盖范围:全国

开始时间:2002 年

▲▲ 专家推荐意见

国际湿地首创"湿地学校"品牌,在全国各地中小学校、湿地公园、湿地自然保护区等成立湿地学校,形成湿地教育网络的创新方式,面向国内外青少年开展湿地教育和实践活动,做好青少年湿地生态教育。至今已创立 140 余所湿地学校,品牌影响力从国内辐射到东南亚各国,为中国乃至世界各国推广青少年湿地教育提供可借鉴的路径。

案例亮点

20 多年来，国际湿地一直致力于青少年湿地生态教育，首创"湿地学校"品牌和湿地学校网络交流活动，在全国 22 个省（直辖市、自治区）建立了 144 所湿地学校。该品牌及活动的影响辐射至东南亚多国，取得了良好的效果。

案例背景

"湿地学校"发起于由国际湿地［原湿地国际 - 中国办事处（Wetlands International-China）］、日本湿地与人间研究会（RCJ）、湿地韩国（Wetlands Korea）于 2002 年联合举办的亚洲湿地周庆祝活动——"儿童与湿地"，旨在加提高少年儿童对湿地重要性的认识，对其合理利用的理解；提高少年儿童的湿地保护意识；促进东北亚地区在湿地教育方面的信息交流，建立远东湿地教育网络。

2002 年、2003 年，亚洲湿地周庆祝活动分别在日本和韩国举办。该活动取得了良好的效果，同时引发了中国参会人员的热议："如何做好中国青少年的湿地生态教育？"随后，建设"湿地学校"的提议在业界形成了初步共识，该项活动被提上议程。

2004 年 12 月，亚洲湿地周庆祝活动在中国江苏省盐城市大丰区举行。在江苏省大丰麋鹿国家级自然保护区的支持下，国际湿地正式授予江苏省大丰市第四中学为"湿地实验学校"。中国首家湿地学校自此宣告成立。

湿地学校的宗旨是通过教育和实践活动，加强青少年对湿地生态科学知识的认识，培养其热爱自然、保护地球家园的责任感，实现人与自然和谐共生的目标。20 年来，中国已陆续有 144 所中小学校、湿地公园、湿地自然保护区等被授予"湿地学校"称号。这些湿地学校分布在全国 22 个省（直辖市、自治区），形成了一个湿地教育网络，并依托当地湿地资源，面向青少年及教师等开展湿地教育活动。同时，它们通过与东亚、东南亚等地区的湿地学校积极开展交流，初步形成了具有中国特色的湿地生态教育新模式。

20 年来，围绕湿地学校创建工作，国际湿地开展了一系列湿地生态教育活动，形成了一个具有时代特征、学校特色的环境保护和生态文明建设新模式，受到了国际社会的广泛认可和赞誉。

1. 首创"湿地学校"品牌，强化"湿地学校"网络组织管理体系

2004 年 12 月，江苏省大丰市第四中学被正式授牌成为中国首家湿地学校。截至 2023 年 12 月，中国已建成 144 所湿地学校。其中，以中小学校、幼儿园为主体的湿地学校有 126 所，以湿地公园、湿地自然保护区为主体的湿地学校有 16 所，以其他相关单位为主体的湿地学校有 2 所，它们分布在全国 22 个省（直辖市、自治区）。湿地学校不仅开展湿地教育课程，还通过其形式多样的活动场地，如博物馆、宣教馆、自然步道、教育径等，为公众提供湿地生态教育实践基地。

为促进湿地学校更好、更快地发展，湿地学校网络委员会于 2010 年 12 月在江苏省大丰市正式成立。湿地学校网络委员会编制了《湿地学校网络管理办法》，统一设计了湿地学校标识，制作、分发湿地学校校旗、横幅，规范了"湿地学校"申报、评审流程，并组织交流、培训、评优评先等活动。湿地学校网络委员会成为全国湿地学校的互动平台以及相互学习、交流、实践的阵地，促进了各湿地学校湿地生态教育水平的提高。湿地学校管理体系日趋完善，品牌效应不断提升。

2. 开展湿地学校交流活动，促进湿地学校网络发展

2004 年 12 月，第三届亚洲湿地周庆祝活动——"湿地与儿童"在江苏大丰举办，与会代表向全世界发出了《湿地保护倡议书》。2005 年 8 月，第四届亚洲湿地周庆祝活动——"鹤与湿地"在黑龙江扎龙举办。2006 年 7 月，第五届亚洲湿地周庆祝活动——"保护湿地，关爱母亲河"在甘肃兰州举办。2007 年 12 月，第七届亚洲湿地周庆祝活动——"走进鄱阳湖——白鹤王国"在江西南昌举办。2008 年 12 月，第八届亚洲湿地周庆祝活动——

湿地学校

湿地学校宣言

中国湿地学校网络会议（2023）

江苏省盐城市

2023年11月10-12日

2023年11月10-12日召开的中国湿地学校网络大会由中国湿地学校网络委员会（国际湿地）、江苏盐城国家级珍禽自然保护区管理处共同主办，国家林业和草原局湿地管理司、江苏省林业局、盐城市人民政府指导，北京晶星科技公司为合作伙伴，北京碧水天成湿地生态环保科技有限公司提供支持。

来自全国22个省、自治区、直辖市143所湿地学校的代表、自然保护区、湿地公园以及湿地学术团体等的代表，共计180余人参加了大会。会议还特别邀请我国台湾地区的学者，日本、韩国环境保护与教育方面的专家参加会议。本次会议达成共识，《湿地学校宣言》如下：

我们认识到，湿地是土壤、水体和生命经过几十亿年发展进化的结果，是自然界最富生物多样性的生态景观和人类最重要的生存环境之一，地为人类提供了宝贵的生态家园，与我们人类的生存、繁衍、发展息息相关。从生命起源到社会发展，湿地时时刻刻都在为人类做出贡献。

《湿地学校宣言》

"喜粤挚友营，走进红树林"在广东湛江举办。2009年12月，中国、日本、韩国、马来西亚、泰国5国湿地学校网络交流会在泰国甲米开展。2011年3月，来自马来西亚、中国、日本、韩国、泰国、孟加拉国6国的师生，在马来西亚沙巴州开展了湿地学校交流活动。2011年10月，"可持续发展：湿地与儿童"交流活动在江苏无锡举办。

自2012年起，湿地学校交流活动的参与主体由学生转为教师，活动形式由学生展示转向教师交流和培训。2012—2019年，国际湿地分别在宁夏吴忠、江苏无锡、广东深圳、辽宁盘锦、山东青岛、安徽安庆、浙江杭州、海南海口等地组织了交流年会，邀请国内外湿地生态教育专家做主题报告，各湿地学校及其主管部门就湿地生态教育的经验进行了分享。

2023年11月，湿地学校网络会议在江苏盐城召开，来自各湿地学校、湿地类型自然保护区、湿地公园的代表以及湿地保护专家等180余人参加了此次会议，并发布了《湿地学校宣言》。

3. 积极参与国际交流，推广湿地生态教育新模式

在国际湿地的积极推动下，湿地学校多次派代表参加相关国际会议、交流活动，分享中国湿地学校在湿地科普宣教、文化交流、研学体验等活动方面的成果及经验，并与日本湿地中心、韩国东亚湿地中心、湿地韩国等机构建立了长期的合作关系。

中国湿地学校网络得到国际社会的广泛关注和赞誉。日本湿地中心秘书长中村玲子女士评价中国湿地学校网络是世界湿地生态教育领域的一大创举。2022年9月，韩国湿地学校网络成立，亚洲湿地学校网络也在筹备中。2023年11月，中国湿地学校网络委员会应邀参加在韩国济州岛举办的亚洲湿地学校网络筹备会，向来自东亚、东南亚地区9个国

家的 170 多名代表分享中国湿地学校建设经验，为亚洲湿地学校建设出谋划策。

4. 努力探索，坚持科学研究

在湿地学校生态教育实践中，来自各湿地学校的湿地教育专家通过因地制宜、研究创新，编制了超过 30 套的校本教材和湿地科普读本。例如，海南省海口市湿地保护中心编印的《海口湿地》、海口市五源河学校编印的《家在红树林》；江苏锡师附小编印的《今日太湖风光好》；黑龙江省齐齐哈尔市铁锋区扎龙中心学校以课程改革为契机，修编了教材《仙鹤飞起的地方》；辽宁省盘锦市辽河油田兴隆台第一小学编制了《环保，我们的责任》《湿地，我们的家园》等具有代表性的校本教材。

《湿地学校建设指南》

在这些校本教材和科普读本中，由江苏省盐城市大丰区飞达路初级中学组织编著的校本教材《走进南黄海湿地》，获得 2013 年江苏省教学成果奖基础教育类二等奖；湖北省武汉市华中里小学先后研发了校本课程《美丽武汉——多姿湖泊》《湿地——生命的摇篮》，荣获全国小学校本课程优秀文本二等奖。2019 年，湿地学校网络委员会成立专家组，编著《湿地学校建设指南》专业书籍；2020 年，开展广东湛江红树林自然保护区湿地保护研究项目，编写保护区教本教材《自然教育探索》。深圳华侨城湿地学校先后编撰了《城央滨海湿地自然课》《城央滨海湿地守护者》等6本湿地读物。湿地学校网络委员会委员张绪良教授，利用休息时间，为山东省青岛市中小学生讲授湿地植物课程，带领学生开展胶州湾湿地环境研究探索活动，帮助湿地学校编写《家乡的李村河》《胶州湾滨海湿地》等校本教材，培养学生的创新思维，提高其研学能力。

校本教材

5. 创新实践，探索湿地生态教育之路

各湿地学校根据自身特色及资源条件，通过科普展厅、科普长廊、展览馆、阅览室、科学实验室、社团等形式探索湿地生态教育方法，取得了很好的效果。

甘肃省兰州市水车园小学将每年6月定为学校的"湿地保护"主题月。在主题月期间，组织全校师生围绕"一个湿地"保护主题，以"一次讲座、一部电影、一项实践活动"的"三个一"活动模式，面向全校学生开展湿地生态教育活动。2011年，第六届亚洲湿地论坛在江苏省无锡市举办。由江苏省盐城市大丰区实验小学（原大丰区第六小学）湿地学校编演的《湿地麋鹿》

校本课程

舞蹈，以及由学生创作的湿地书画作品，在论坛上进行了展示，并受到国际专家及国家领导人的称赞。黑龙江省齐齐哈尔市铁锋区扎龙中心学校以黑龙江扎龙国家级自然保护区为教育平台，面向全校师生开展湿地生态教育活动，并将影响扩大到湿地周边社区村民，为共同建设美好的湿地家园发挥了表率作用。此外，江苏省盐城市大丰区幸福路小学自筹经费开设了湿地与麋鹿阅览室、开展了湿地研学活动。辽宁省盘锦市辽河油田兴隆台第一小学，与社区合作、互动，实现"家与校"互动发展，通过学生带动家长，提高公众的生态文明意识。

6. 注重实践，走进湿地，亲近自然

各湿地学校走出校园，走进湿地，开展湿地考察等实践活动，加深了学生对湿地及其重要性的了解，培养其保护自然的大志之心。

湖北省武汉市华中里小学 20 年如一日，开展"爱鸟护鸟"活动。学校师生的观鸟、护鸟足迹遍布武汉市区的江滩、公园、植物园等。广东深圳华侨城国家湿地公园湿地学校以自然教育为核心理念，面向公众开展科普志愿服务，成为全国自然教育领域的实践者和推广者典范，为城市湿地生态文明建设提供样板。山东省青岛书院路小学、铜川路小学、城阳区第二实验小学、城阳第十中学 4 所湿地学校，带领学生走进海洋湿地，开展滨海湿地环境教育，增强了学生的社会责任感。四川省西昌市邛海湿地学校以邛海湿地资源为基础、湿地公园为依托、政府支持为动力，面向公众宣传湿地保护知识。湿地学校网络委员会委员李裕红多次组织海峡两岸湿地环境教育论坛和青少年夏令营，共建海峡两岸青少年湿地生态教育框架。

深圳华侨城湿地公园湿地学校面向学生开展湿地观鸟活动（孟祥伟供）

兰州市水车园小学展示湿地宣传月主题活动作品

20 年来，湿地学校在中国从无发展到如今的 144 所，形成了一个中国湿地教育网络，取得了许多成就，得到了社会的广泛关注和认可，在国内外产生了积极的影响。

该活动还积累了丰富的经验，体现在以下几个方面：一是在湿地学校建设上开拓创新，探索性发展；二是在湿地生态教育上着力于形式多样，抓自主特色；三是湿地学校建设多元化发展，扩大影响范围；四是建立湿地专家志愿者队伍，提升湿地知识传播的专业性；五是既让授课者拓宽湿地知识面，也让受教者了解更多的湿地知识；六是充分调动社会力量，以青少年为对象开展湿地生态教育。

未来，稳步、深入、持续加强湿地学校建设是我们的目标之一。在今后的发展中，湿地学校建设工作要关注以下 3 个方面：提高授课质量与技巧；不断拓宽受教者的知识面；注重"湿地学校"的全面发展，并扩大其社会影响力。这就要求我们在工作中要合理布局、分层研学、分类指导、分片管理，使湿地学校在全国的分布更加合理和规范，把湿地学校空缺的省（直辖市、自治区）等作为重点发展地区，让湿地教育之"花"开满祖国大地。

 国际湿地（International Wetlands & River Beijing）

　　国际湿地（International Wetlands & River Beijing）全称是北京源河国际湿地文化交流中心，致力于湿地生物多样保护与合理利用，推动湿地文化传播与交流，促进社会经济可持续发展。国际湿地一直面向公众特别是青少年开展湿地生态教育。除举办湿地学校等活动外，国际湿地还于 1997—2018 年编辑、印制并向公众免费发放双月刊杂志《湿地》，传递国内外湿地保护工作的进展，宣传湿地保护的重要意义，为推动中国湿地保护事业的发展发挥了积极作用。

典型案例

"湿地 +"，
探索国家湿地公园创先模式

 案例信息

申报单位：中国国家湿地公园创先联盟秘书处

案例所在单位：中国国家湿地公园创先联盟

CEPA 类型：传播

案例覆盖范围：全国

开始时间：2017 年

 专家推荐意见

中国国家湿地公园创先联盟以"湿地 +"的创新思路，探索湿地党建宣教与教育、农业、文旅等各行业领域开放合作的模式，在跨地域研学、自然学校运营机制、志愿者团队和品牌建设等方面，为中国 900 多个国家湿地公园提供了实现生态价值、发挥社会功能、平衡保护与发展的可借鉴经验和成功路径。

▲ 案例亮点

中国国家湿地公园创先联盟（以下简称"联盟"），以"湿地+，更精彩"为理念，探索无界湿地发展道路。一是组织先进湿地公园积极交流，推广经验，为中国 900 多家区域不同、类型多样、特色各异、发展水平不一的国家湿地公园提供了丰富的可资借鉴的经验、案例。二是积极探索湿地跨界创新，邀请生态企业、社会团体参与，吸引更多社会力量参与湿地建设，形成社会共同参与湿地保护与建设的良好氛围。

▲ 案例背景

2004 年 6 月 5 日，国务院办公厅印发了《关于加强湿地保护管理的通知》（国办发〔2004〕50 号），提出对不具备条件划建自然保护区的湿地，要因地制宜，采取建立各种类型湿地公园等多种形式加强保护管理。以此为依据，国家林业和草原局（原国家林业局）提出了建立国家湿地公园的计划。因此，国家湿地公园不同于一般意义上的市政公园，其建设初衷是抢救性保护湿地，而非用于旅游开发。它是自然保护地的一种类型，是重要的湿地保护形式。

2017 年，湿地公园体系发展 10 余年，各地已纷纷探索出自身经验模式，取得丰硕成果。但各湿地"散是满天星"，没有"聚成一团火"，缺乏一个凝聚力量的组织，彼此之间的交流合作都是自发而松散的，国家湿地公园发展陷入平台期，无法进一步提升。联盟应时而生，通过搭建湿地公园长期合作交流的平台，树立行业标杆，开创湿地联合发展的新模式，发挥示范引领作用，促进了湿地公园成为保护之地、教育之所、陶冶之园。

1.勇于创新,携手共促自然教育发展

（1）深度融合,联合组织特色精品研学

联盟各单位深入挖掘各地自然环境与人文历史特点,通过研发特色课程与编制乡土教育教材,逐步形成机制科学、体制健全、主题鲜明的自然教育体系。

联盟积极搭建自然教育交流桥梁,以联合研学促进不同地域自然教育理念碰撞融合。广州海珠、杭州西溪、四川邛海、江苏沙家浜等多家联盟单位共同开展跨地域研学活动,带领学生欣赏不一样的风光,体验不一样的文化,以喜闻乐见的形式传播生态保护意识,铸牢青少年中华民族共同体意识。

01. 广州海珠国家湿地公园	13. 湖南洋湖国家湿地公园
02. 杭州西溪国家湿地公园	14. 湖北武汉藏龙岛国家湿地公园
03. 四川邛海国家湿地公园	15. 甘肃张掖黑河国家湿地公园
04. 河北北戴河国家湿地公园	16. 江西东鄱阳湖国家湿地公园
05. 江苏沙家浜国家湿地公园	17. 青海西宁湟水国家湿地公园
06. 北京野鸭湖国家湿地公园	18. 重庆双桂湖国家湿地公园
07. 贵阳阿哈湖国家湿地公园	19. 湖北封江口国家湿地公园
08. 重庆汉丰湖国家湿地公园	20. 内蒙古根河源国家湿地公园
09. 黑龙江富锦国家湿地公园	21. 江苏淮安白马湖国家湿地公园
10. 云南普者黑国家湿地公园	22. 山西孝义孝河国家湿地公园
11. 吉林牛心套保国家湿地公园	23. 南京长江新济洲国家湿地公园
12. 江苏天福国家湿地公园	

中国国家湿地公园创先联盟名单（截至 2024 年 12 月）

（2）创办自然学校,建立人与自然联系

联盟各单位相继建立起示范性自然教育学校。聚焦规划设计,打造载体项目"新集群";优化课程设置,开辟自然教育"新路径";深化品牌建设,树立自然教育"新旗帜"。年均向上百万人次传递生态文明思想与绿色发展理念,11 家单位先后由中国林学会授牌成为全国自然教育学校（基地）,形成自然教育的示范效应。

海珠湿地"雁来栖"志愿者培训

（3）融汇志愿力量，共筑生态家园

联盟各单位探索建设符合自身特色的志愿品牌，向社会招募志愿者，以专业、系统的培训，用人所长的理念，打造出一支高水准的专业志愿队伍，形成"生力军"。这些志愿者投身于科普宣教、科研监测等日常工作之中，为湿地的保护和发展奉献力量。志愿队伍建设成为国内自然教育人才培养的"探索者"。它突破了原有的思维限制，为有志从事自然教育的爱好者提供了更多的实践机会，为行业发展提供新思路。例如，海珠湿地的"雁来栖"专业志愿者队伍，建立科学管理与培训制度，引导志愿者深入参与多项生态保护和自然教育科普工作，至今已成功培养了 4 期共计 183 名志愿者。河北北戴河湿地成立"鹭途天使"生态志愿者服务队，与高校、企业等机构签订战略合作协议，积极引导社会各界人士广泛参与，为生态志愿服务事业及建设沿海强市、美丽港城和国际化城市贡献力量。

（4）搭建平台，赋能自然教育高质量发展

以"人与自然和谐共生——中国式现代化中的自然教育"为主题的 2023 中国自然教育大会在广州召开。联盟秘书处邀请联盟各单位共同参加研讨学习。通过认真听取《2022中国自然教育行业发展报告》《2023—2035 全国自然教育中长期发展规划》，结合研讨会、市集等形式多样的活动，联盟各单位充分了解自然教育行业情况，激发各区域湿地科普宣教创新思维，力促自然教育事业再上新台阶，汇聚磅礴力量共同赋能中国式现代化自然教育高质量发展。

2. 首创"湿地＋"，探索无界湿地模式

从 2017 年起，联盟深刻领会湿地公园与保护区差异，创新"湿地＋"理念，带领全国湿地公园积极丰富湿地发展内涵，打破湿地孤立保护发展思路，探寻生态保护与合理利用的平衡，实现湿地可持续发展。

以"湿地＋"为指导理念，探索多样自然教育模式，年均开展活动逾千场，参与者上百万人次，有效引领和推动广大青少年走进自然、热爱自然、尊重自然，开展综合实践体验，为自然教育产业的高质量发展奠定了坚实基础、积累了宝贵经验。

"湿地＋党建"，精准施策、创新开展党建引领下湿地发展的新模式，沙家浜湿地等联盟单位开发了党史学习教育特色课程，形成了体验教学、现场教学、情境教学、拓展教学、沉浸式教学等多种形式相得益彰的新型教学模式，为党建与生态环境保护相结合提供了新思路。

"湿地＋文化"，以历史文化底蕴为基底，开展特色民俗体验活动，传承历史文化精粹与古往今来天人合一的理念，提升民族自豪感，打造出海珠湿地国际音乐节、西溪龙舟

西溪湿地以"湿地＋城市环境"为主题举办联盟第二届年会

文化节等特色品牌活动。

"湿地＋农业"，开展湿地农耕系列课程，以节气为主线串联插秧、清塘、秋收体验活动，传承各地农耕技艺，引导青少年从小树立正确的劳动观念，弘扬中华民族勤劳自强的优秀品质。

"湿地＋"的理念，以有限的湿地探索无界的发展可能，探索经济、文化、社会等多方面跨界融合和创新，将湿地优美的自然环境与产业发展、教育科研、乡村振兴等方面深度融合，形成中国式的湿地保护建设新模式，摸索出人与自然和谐共生的新发展道路。

3. 创新模式，引领行业发展

联盟自成立以来，不断探索和创新湿地发展模式，各成员单位也在不断成长。从最初的国家湿地公园起步，到如今已经走在了行业的前列，并在国际上取得了显著成就。联盟累计获得国家级奖项近 40 项，并在国际舞台上斩获 5 项大奖，成功走出了一条国家湿地公园的"创先模式"道路。

一是搭建行业平台的模式成为各地参考的范例。例如，北戴河湿地挂牌中国湿地保护协会宣教培训基地，沙家浜湿地成立中国湿地保护协会宣传教育专业委员会，重庆市梁平区林业局创立中国小微湿地创新联盟。

二是推广经验模式。紧紧围绕新时代湿地保护建设的现实所需，搭建国家湿地公园交流合作平台。举办数十次特色主题活动，围绕"湿地＋"主题结合专家沙龙、现场教学等形式，启发湿地保护建设新思路，开拓湿地保护与合理利用新方向；加强互助共建，积极分享申报国家湿地公园经验，接收西北部察汗淖尔等多个湿地公园的干部长期挂职培训，联合国家公园举办保护建设培训班，以结对共建的方式促进不同地域经验交流融合。累计向上千人次，近百家国家湿地公园传递理念，助力多地湿地实现蜕变。

三是实现共建共享共治。随着联盟的发展，对"湿地＋"理念进行了新的探索。近年更创新引入生态企业、社会团体参与，通过现场分享交流，不仅向企业传递生态保护理念，吸引更多社会力量参与湿地建设，形成社会共同参与湿地保护建设的良好氛围，还搭建湿地与企业的合作桥梁，构建产业发展新格局，实现湿地与经济互利共赢。

4. 树立品牌，向世界宣讲中国湿地故事

一是开拓舞台，以共同体发声。联盟多次集体亮相于世界湿地日中国主场等重要活动中，更于 2022 年承办的《湿地公约》第十四届缔约方大会（COP14）"中国国家湿地公园的保护与发展"分论坛，向国内外展示中国湿地力量。

二是迈向国际，扩大辐射范围。通过国际重要湿地建设、申报保尔森奖、承办"一带一路"国家湿地保护与管理研修班等形式，广泛传播联盟经验模式，向迪拜、柬埔寨、巴基斯坦等多个国家展示中国湿地力量，获得各方高度评价。

三是打造文创，加强协同作用。例如：将工作成效亮点汇编成册，向国内同行输出经验模式；以宣传片、中英文套票等文创产品为载体，持续展示中国湿地风采。

中国国家湿地公园创先
联盟第一版套票

中国国家湿地公园创先
联盟第三版套票（中英
文版本）

进入21世纪以来，许多专家学者、社会组织、政府部门及公益机构等开始关注自然教育，探索开展自然教育。一大批湿地公园都在探索发掘其自然生态资源的新价值，充分发挥其社会功能，积极为自然教育服务。据不完全统计，2022年合法存续的自然教育机构数量已经接近20000家，自然教育行业繁荣发展，但也显示出一些问题。

一是自然教育资源与行业发展不匹配。拥有自然教育机构最多的直辖市和省份是北京市、广东省，主要分布区域是北京市、四川省、江浙片区、华南片区，多为经济发达区域。相比之下，自然资源丰富的东三省、内蒙古、山西、西藏和新疆分布较少。

二是行业同质化严重。自然教育快速发展，新注册机构显著增长，但目前自然教育模式还比较单一，大多数以活动、旅行为主，活动项目单调、雷同，行业发展难以取得创新性进展。

亟须搭建自然教育交流合作平台，开展研学联动、经验模式交流等多形式合作，实现资源优势互补。搭建先进性交流合作平台，加强专家等专业技术指导，不断探索创新，注重结合地域特色培育特色活动，盘活自然教育资源，推动自然教育活动由以往的同质化向特色化转变，树立国家湿地公园自然教育特色模式范本。

中国国家湿地公园创先联盟

　　中国国家湿地公园创先联盟成立于 2017 年 5 月 25 日，是在国家林业和草原局湿地管理司、中国湿地保护协会的支持下，由广东广州海珠国家湿地公园等 9 家国家湿地公园共同发起的业务交流平台和协同合作组织，设有成员单位、观察员单位，以及秘书处、专家小组。

湿地教育中心行动计划:
首个全国湿地教育网络

▲ 案例信息

申报单位: 红树林基金会(MCF)

案例所在单位: 红树林基金会(MCF)

CEPA 类型: 能力建设

案例覆盖范围: 全国

开始时间: 2022 年

▲ 专家推荐意见

该项目是中国加入《湿地公约》30 多年、湿地保护进入新阶段以来,中国首个以湿地教育为主题的全国性平台,用建立优秀湿地教育中心这一抓手,通过行业内多层次的赋能和交流活动,对标国际先进湿地教育中心经验,在硬件、软件、规划、课程等多个方面推动全国湿地类型自然保护地湿地教育专业能力提升。

案例亮点

　　湿地教育中心行动计划（CWC）由国家林业和草原局湿地管理司联合红树林基金会（MCF）在《湿地公约》第十四届缔约方大会（COP14）武汉主会场共同发起并启动。目的是进一步推动建立湿地教育体系发展机制，开展多层次行业赋能培训，建立行业专业交流平台，推动湿地教育中心示范基地建设，致力于为每一片湿地培养"粉丝"，让每一处湿地都建设成为对公众进行宣传、教育的湿地教育中心。

 案例背景

　　2022 年 11 月 9 日下午，《湿地公约》第十四届缔约方大会（COP14）CEPA 湿地教育与保护论坛在湖北武汉顺利举办。论坛期间，国家林业和草原局湿地管理司宣布，由国家林业和草原局湿地管理司和红树林基金会（MCF）共同发起的"湿地教育中心行动计划"（CWC）正式启动。该计划旨在发掘本土湿地教育实践，分享优秀湿地教育案例经验，为中国湿地教育工作搭建一个分享、传播、交流的平台，让更多中国湿地故事走进国际视野。

　　2023 年 3 月，首届"湿地教育中心行动计划"年会在深圳举办。国家林业和草原局湿地管理司、中国野生动物保护协会、红树林基金会（MCF）为首批 10 个成员单位进行了授牌。截至 2024 年底，已有 45 家湿地类型自然保护地和 45 家从事湿地教育的公益组织成为"湿地教育中心行动计划"的主要参与者。

湿地教育中心行动计划（CWC）围绕行动目标，从机制建立、行业赋能、经验交流、示范实践等方面开展了相关工作，具体包括以下几方面。

1. 建立湿地教育体系发展机制

以湿地教育中心指导委员会为核心，设计系统的湿地教育体系，明确发展路线，对湿地教育中心发展的各项工作进行统筹规划。湿地教育中心指导委员会下设专家委员会，为湿地教育体系建设提供科学支撑，推动科学的、专业的湿地教育高质量发展。

2. 开展多层次的行业赋能

支持建立湿地教育中心、开展湿地教育规划及专项培训。以湿地类型自然保护地宣教工作人员、湿地周边教师和开展湿地教育课程的各类公益组织为主要对象，以提升其开展湿地教育的专业水平为目标，通过多层次的赋能活动，让湿地教育活动更具吸引力，引导更多公众关注湿地、参与湿地保护。

江西鄱阳湖国家级自然保护区自然教育规划工作坊

3. 建立行业专业交流平台

通过考察、交流、研究等方式，推动湿地教育专业发展。任何具有湿地特点的自然保护地或湿地公园、湿地教育及相关研究机构、大专院校等皆可加入。以（双）年会、建设运营专业网站、开展成员间及对外交流学习等方式展示湿地教育成果。

湿地教育中心行动计划（CWC）网站

搭建湿地教育中心行动计划官方网站（cwc.mcf.org.cn），为成员提供经验交流学习、行业信息互通的平台。该网站由秘书处管理和运营，设有最新动态、行业赋能、优秀湿地教育中心风采展示等板块，以展示优秀湿地教育中心的经验和模式，并将其推广到更多的湿地类型自然保护地，开阔视野，吸引更多有志于湿地教育的社会公益组织加入。社会公益组织是支持湿地类型自然保护地开展湿地教育工作的重要人员基础，支持着湿地教育中心的创建和运营。

湿地教育中心行动计划营造了一个共同学习、不断创优的行业风尚，以共同进步的姿态推动行业整体向前发展。

4. 推动湿地教育中心示范基地建设

湿地教育中心是开展湿地教育工作的重要载体。湿地教育中心行动计划拟在全国范围内选拔并培养出 30 ~ 50 个湿地教育示范点，并对其硬件、软件、规划、设计等方面进行提升，打造具有国际水平、国际竞争力的湿地教育中心精品。

　　湿地教育中心行动计划（CWC）是中国首个以湿地教育为主题的全国性湿地网络，成员单位包括各个湿地类型自然保护地以及多样化的湿地教育研究机构、社会组织等。湿地教育中心行动计划网络的发展，已经证明可以有效推动联合行动，如推动成员单位开展交流、参与"爱鸟周"自然笔记活动、积极与国际网络对话合作等。

 红树林基金会（MCF）

　　红树林基金会（MCF）2012 年 7 月在深圳市民政局注册成立，深圳市 AAAAA 级公募基金会。

　　基金会致力于湿地及其生物多样性保护工作，推动社会化参与的湿地保育和教育模式，以实现"人与湿地，生生不息"的美好愿景。目前专注于以下核心工作领域：绿色湾区、候鸟迁飞通道保护、红树林保护，以及 CEPA 湿地教育。

培育新一代的保育倡导者:
香港米埔 One Planet 教育项目

▲ 案例信息

申报单位：世界自然基金会香港分会

案例所在单位：香港米埔自然保护区

CEPA 类型：教育

案例覆盖范围：区域

开始时间：1983 年

▲ 专家推荐意见

　　WWF 香港分会多年来扎根香港米埔自然保护区（以下简称"米埔自然保护区"），基于米埔自然保护区的湿地保育目标，充分挖掘本地生态资源、积极调动学校和社会资源，开展研发校本课程、发起青年行动计划、开展公众导赏活动等教育和提升公众保育意识的项目，是中国湿地保护的优秀代表。米埔自然保护区经过几十年丰富的湿地教育实践，探索出一套 CEPA 工作模式，为香港及周边国家和地区的湿地教育发展提供可借鉴的路径。

▲▲ 案例亮点

　　WWF 香港分会一直与香港特别行政区政府渔农自然护理署紧密合作，妥善管理拉姆萨尔湿地内的米埔自然保护区，并在区内推行各种民众 CEPA 项目，以提升民众保育意识。WWF 香港分会成立米埔管理委员会及教育委员会，其成员包括政府代表、大学学者、中小学校长及教师、青年团体代表、非政府组织代表及生态保育专家等，以监督保护区的各项保育及 CEPA 工作，并提供整体的管理指南。

▲▲ 案例背景

　　1983 年，米埔内后海湾共 380 公顷的湿地被划为自然保护区，由香港特别行政区政府委托 WWF 香港分会管理，使华南地区硕果仅存的潮间带传统养殖虾塘（基围）得以保存下来，并为湿地教育提供了湿地合理利用的展示案例。米埔自然保护区是一个理想的户外教室，也是人们了解湿地知识及其重要性的教育中心。1995 年 9 月，香港政府根据《湿地公约》把米埔自然保护区在内的米埔内后海湾共 1500 公顷的湿地列为具有国际重要价值的拉姆萨尔湿地。根据《湿地公约》，香港特别行政区政府须履行相应的国际责任，即制定和执行公约所规定的湿地保护规划，确保湿地得以善用。

根据《米埔自然保护区管理计划：2019—2024》的要求，并通过科学、有效的管理，米埔自然保护区保留了基围传统，成为迁徙水鸟重要的中转站和越冬地，以及传播湿地知识的区域性教育中心。

"教育及提高民众保育意识"是米埔自然保护区的管理目标之一。多样化的 CEPA 项目吸引了大批公众参与到湿地保护行动中来。

1. One Planet School 学校教育项目

米埔自然保护区每年的访客中有一半为学生。在香港特别行政区政府教育局的资助下，米埔自然保护区根据学校课程需求及保护区保育目标，研发了 3 个小学主题教育课程（"湿地小侦探""小鸟的故事""米埔小世界"）以及 5 个中学主题教育课程（"湿地解构之旅""湿地保育全接触""湿地生态学家""红树林生态""都会规划师"）。8 个课程以米埔自然保护区内的野生动植物为教材，以体验学习的形式开展，让学生亲身体验米埔自然保护区的生境管理及生态调查工作，提高其湿地保护意识。

香港中学生参加 One Planet School 项目

香港小学生参加 One Planet School 项目

　　此外，米埔自然保护区还设计了行前线上活动和行后延伸活动，以配合混合式教学，增强学生在教育项目中的体验感，提高其收获。

　　在参观活动之前，学生会先参加线上活动，如观看相关教育项目的介绍影片，事先了解米埔自然保护区及其生态环境。参观活动结束后，学生还会参与延伸活动，进一步巩固其在参观中所学的内容，如小组讨论、撰写反思报告或进行相关实践活动。除此之外，学校还会根据米埔自然保护区的教育课程，自主开展不同类型的延伸活动，鼓励学生将所学知识运用于学习和日常生活中。

　　米埔自然保护区提供的课程内容兼顾了学校课程的教学目标，比如涵盖了正规学校课程中所包含的人与环境、生物与环境、社会与公民、应用生态学等主题，更容易为学校和教师所接受。同时，这些课程还体现了米埔自然保护区独特的保护目标，展示了米埔自然保护区独特的自然资源与人文资源。

　　以面向小学四年级至六年级学生的"小鸟的故事"为例。根据对米埔自然保护区教育资源的梳理，该课程选取保护区中常见越冬濒危鸟类黑脸琵鹭作为课程主题，通过角色扮演的方式，让学生了解湿地对于人类和野生动植物的重要性，提升学生对湿地和大自然的兴趣和了解，并使其认识到湿地保护工作的意义。该课程既包括湿地知识，如米埔保护区常见水鸟及其适应生境的能力，并延伸到可持续发展和保育概念；也包括非知识性内容，如观察能力、小组合作能力、正向思维，以及表达、沟通分析能力的锻炼等。整个课程设计贯穿了环境教育五大目标中的知识、技能和态度的学习。这些目标通过问卷的形式，在课程开始前和结束后进行教学评估。

　　教师是教育体系中至关重要的一环，他们的专业知识和教学水平直接影响学生的学习成果和发展。因此，米埔自然保护区还开展了面向教师的培训项目，以提高教师在湿地、生态足迹、气候和可持续发展等方面的认识，帮助其有效地策划和推行相关的教学活动，鼓励教师之间交流教学经验并开展合作。培训形式包括工作坊和实地考察等，培训内容根据学校的需求灵活设计。此外，米埔自然保护区还与其他机构建立了合作关系，共同推动"倍增者"培训的研究和实践。

2. One Planet Youth 青年行动计划

　　青少年充满热情、活力及创造力，他们是未来的保育领袖，是珍贵大自然的守护者。自 2017 年起，WWF 香港分会与香港多个青年团体合作开展 One Planet Youth 青年行动计划。该计划在正规课堂以外时间进行，经过专业团队的培训后，参加者将成为公民科学家及保育倡导者，在米埔自然保护区及香港其他生态热点区域进行科学调查，并设计保育行动方案。该计划所得数据，如米埔自然保护区生物多样性信息，为保护区的保育工作提供了重要参考。One Planet Youth 青年行动计划不但让青年对米埔自然保护区的监测及研究工作作出了长期贡献，也提高了他们对生物多样性及其保护工作的理解和意识。

香港青少年参加 One Planet Youth 青年行动计划项目

3. 米埔公众导赏团

除学校及青年团体外，米埔自然保护区还面向公众举办不同主题的导赏活动，包括全年性活动"米埔自然游"，以及季节性活动"基围虾时光之旅""午夜历奇""跟住雀仔去旅行""米埔日与夜"等。所有公众导赏团均由经过培训并通过考核的生态导赏员带领，确保公众既能愉快享受米埔自然保护区的生态环境所带来的乐趣，也能有所收获。

4. 年度主题活动

WWF 香港分会每年均会举办"步走大自然"及"香港观鸟大赛"活动，以提高公众及观鸟爱好者对米埔湿地的认识。"步走大自然"活动以节庆日的形式举办，每年设定不同的主题，让公众在互动摊位及工作坊中以湿地为乐，与大自然建立起联系。"香港观鸟大赛"是香港历史上最悠久的生态保育募款活动。每年来自本地及海外的观鸟爱好者在香

"步走大自然"年度主题活动

港齐聚一堂，在 12 小时内于米埔湿地及其他观鸟点进行紧张刺激的鸟类记录比赛，为米埔自然保护区的管理工作筹募经费。近年，"香港观鸟大赛"更增设了青年组比赛，积极培养下一代对观鸟活动及生态保育的兴趣。

5. 数码推广

在后疫情时代的"新常态"之下，网络及资讯科技已迅速成为重要的媒体推广渠道。米埔自然保护区也紧跟时代步伐，研发虚拟导览系统，制作教育视频，运用社交媒体等工具或平台传播信息，大范围地传递各种有关湿地及其生物多样性的知识，让民众在任何地方都可以与湿地联系。

跟住熊猫游米埔线上直播

WWF 创始人之一斯科特爵士曾经说过："如果我们要拯救地球，最重要的事，是教育。"保育跟教育永远是两兄弟，为避免生态保育沦为空谈，民众身体力行的参与支持永远是必须的。

斯科特访客中心

米埔自然保护区生境

自米埔自然保护区于 1983 年成立起，除开展生境及生物多样性的保育工作外，教育及公众意识提升亦是保护区管理计划中非常重要的一环。正如《荀子·儒效》中所言："不闻不若闻之，闻之不若见之，见之不若知之，知之不若行之；学至于行之而止矣。"WWF 香港分会竭力推动这片国际重要湿地成为一个理想的户外教室，让人们了解湿地保育知识及其重要性。

为了提升米埔自然保护区的教育功能，WWF 香港分会对米埔自然保护区的教育设施进行了一系列改造升级，如重建斯科特访客中心、铺设无障碍木栈道及赛马会教育径、提升观鸟屋、打造教育中心展览厅，并为公众教育、科学研究及湿地管理提供所需的先进设备，这些措施使米埔自然保护区成为更加理想的大自然教室，以及创新卓越的湿地教育中心。

在未来，WWF 香港分会将持续加强区域联系，与大湾区、华南地区甚至亚太区合作，开展更多、更丰富的湿地保育及 CEPA 项目。

世界自然基金会香港分会

世界自然基金会香港分会为世界自然基金会在中国香港特别行政区的代表机构。WWF 成立于 1961 年，为目前全球最大的独立性非政府环境保护组织之一，致力于全球环境保护工作。

香港米埔自然保护区

香港米埔自然保护区是香港最大的河口湿地，也是国际重要的鸟类保护区。该保护区由香港特别行政区政府于 1976 年划定为禁猎区，并于 1983 年交由 WWF 香港分会管理，1995 年被列为拉姆萨尔国际重要湿地。其整体的管护工作由香港特别行政区渔农自然护理署负责。

湿地自然教育"苏州路径"：
发达地区湿地自然教育发展实践

▲▲ 案例信息

申报单位：苏州市湿地保护管理站

案例所在单位：苏州市湿地保护管理站

CEPA 类型：能力建设、教育

案例覆盖范围：区域

开始时间：2012 年

▲▲ 专家推荐意见

苏州，湿地之城，资源丰富，自然教育蔚然成风，宣教活动精彩纷呈。苏州在全国率先探索依托湿地公园打造自然学校，荣获多项殊荣；全市整体推进，课程研发、人才培育、阵地建设成效显著；公民科学家养成计划，创新融合，意义深远。经济发展与自然教育并行的"苏州路径"值得借鉴和推广。

▲ 案例亮点

　　苏州各地级市整体推进湿地自然教育，初步形成了可推广的湿地自然教育"苏州路径"。苏州在全国率先建立了 11 所湿地自然学校，创新"阵地 + 队伍 + 课程"模式，培育人才队伍，研发科普课程，开展宣教活动，推出"湿地公民科学家养成计划"等创新项目。全市湿地自然学校每年开展活动 300 余次，覆盖公众 6 万人次。

▲ 案例背景

　　苏州湿地覆盖率达 38.35%，湿地资源丰富，是一座名副其实的生长在湿地上的城市。湿地也成为苏州城市健康发展的重要生态资源。苏州湿地保护工作起步较早，先后建成 21 个湿地公园，其中，国家级 6 个、省级 8 个，逐步形成了多类型、多层次、多功能的湿地公园体系，为湿地自然教育奠定了坚实的基础。

　　10 余年来，苏州依托湿地公园，通过开展基地打造、课程研发、人才培养、活用"科普 +"模式等工作，推进湿地自然教育行业健康发展。昆山天福国家湿地公园、常熟沙家浜国家湿地公园、吴中区太湖湖滨国家湿地公园、吴江区同里国家湿地公园、虎丘区太湖国家湿地公园和常熟南湖省级湿地公园先后被授予"全国林草科普基地""自然教育学校""精品自然教育基地"等荣誉称号。苏州创新融合湿地自然教育与志愿者体系，打造"湿地公民科学家养成计划"志愿服务项目，国内首创"家庭 + 体验 + 进阶"培养模式，累计招募志愿者 884 人，宣传超 2 万人次，荣获第七届江苏精神文明志愿服务展示交流会金奖项目，逐步构建起一条湿地自然教育的"苏州路径"。

苏州通过制度设计、政策指导和整体推进，建立了湿地自然教育的"苏州路径"。"苏州路径"在宣教政策、教育阵地、教育团队、人才培养、课程研发、志愿者体系等方面有其独特之处，其工作经验在全国乃至全球经济发达地区都具有一定的推广价值。

1. 独特性

苏州各地级市整体推进湿地自然教育行业发展的行动是一个区域典型示范，在全国具有独特性。作为全市湿地保护和湿地宣教的主管单位，苏州市湿地保护管理站加强制度设计、政策指导和整体推进，出台了一系列湿地自然教育政策措施，引导打造了一批湿地自然学校，推动全市开展丰富多彩的湿地自然教育活动，使得苏州市的湿地自然教育行业从无到有、从弱到强，逐步探索形成湿地自然教育的"苏州路径"。

2. 特色亮点

（1）完善湿地宣教政策

2015 年发布的《苏州市湿地宣教指南（试行）》，从硬件条件、人员配备、宣教课程、活动等方面明确"三个一"：一个专门负责自然教育的部门，一支生态讲解员队伍，一套针对人员、地点、四季的课程。2022 年，苏州发布《湿地自然学校建设指南》地方标准，进一步规范湿地自然学校建设，在创建主体类型、志愿服务等方面做出创新探索。同时，将宣教工作纳入全市湿地公园考核评价体系，完善考核指标，将生态讲解员、宣教课程方案情况、自然教育活动开展情况等指标量化赋分，并将最终排名情况以《苏州市湿地保护年报》的形式向社会公布，用行业监管促进自然科普工作良性发展。

《湿地自然学校建设指南》地方标准

（2）打造自然教育阵地

全市先后建成各级湿地公园 21 个，并以此为基础，把湿地公园建成湿地自然学校，让更多公众能够走近自然，认识湿地，变游园赏景为感受自然教育的良好体验。2012 年，太湖国家湿地公园成立了全国第一所湿地自然学校，随后苏州市逐步创建了 11 所湿地自然学校，开展自然教育活动。昆山天福国家湿地公园、常熟沙家浜国家湿地公园、吴中区太湖湖滨国家湿地公园、吴江区同里国家湿地公园、虎丘区太湖国家湿地公园和常熟南湖省级湿地公园先后被授予"全国林草科普基地""自然教育学校""精品自然教育基地"等荣誉称号。

（3）培育本地自然教育团队

加快学习发达地区先进理念和经验，推动湿地公园与台湾环境友善种子、台湾关渡自然公园等从事自然科普经验丰富的团队建立长期合作伙伴关系，实行"一对一"指导模式，帮助湿地公园快速培养本地宣教人才队伍，提升自然科普能力。常熟沙家浜、昆山天福、吴江同里、吴中区太湖湖滨等国家湿地公园均与专业团队长期合作，通过资源梳理、解说系统规划、课程设计、人才培训等形式，湿地公园宣教团队能力和自然科普水平明显提升。

全市已有 11 所湿地自然学校

（4）建立行业人才培育体系

创建"苏州昆山天福实训基地"，启动人才资质认证，逐步建立起苏州自然教育系统培训体制，并且为全市湿地公园培养 98 名生态讲解员；对外输出"苏州模式"，承办国家林业和草原局湿地管理司、其他省市林业局的培训班，已为全国 400 余家湿地公园提供专业人才培训服务，成为全国湿地保护专业人才培训基地。持续开展湿地讲师评估工作，邀请专家对全市湿地讲师进行系统评估，全市星级讲师总数达 20 名，促进湿地公园提升宣教品质。

探索推行专业技术职称晋升与职务晋升并行的"双轨制"人才培养模式。指导湿地公园自然科普从业人员通过晋升林业专业技术职称获得事业成长，进一步提高从业人员稳定性。目前，已有19人获得专业职称资格。

持续开展湿地星级讲师评估

（5）研发自然科普特色课程

活用"科普+"模式，打造特色湿地自然科普课程。通过动植物资源调查、解说系统规划等，深度梳理和挖掘本地生态、文化、历史等资源，开发具有公园特色的核心课程体系，形成吴江同里"四季全覆盖"、常熟沙家浜"红绿新学堂"、昆山天福"农耕文化体验"等特色精品课程；组织编写科普读物和乡土教材，其中《苏州野外观鸟手册》荣获"自然资源部优秀科普图书奖"，《远远》《幸运》《回来》等自然亲子绘本，荣获"国家林业和草原局优秀林草科普作品""江苏省优秀科普作品奖"。

（6）创新宣教志愿者体系

2012年，组织成立苏州湿地自然学校志愿者核心队伍，发布《苏州湿地自然学校志愿者手册》，明确志愿者权利、义务、加入退出机制等，形成了志愿者管理团队以自治为主、以湿地管理部门指导为辅，共同促进发展的志愿者体系。目前，核心志愿者团队已超过80人，他们中有生态学教授、植物学博士、资深观鸟人等专家志愿者，也有热心市民、学生等普通志愿者，成为推动湿地自然科普的重要力量。2021年起，创新打造"湿地公民科学家养成计划"项目，通过"政府+公益+公众"的模式，融合湿地自然教育与志愿者体系。首创国内以家庭为单位的沉浸式志愿者培养模式，开发"湿地观察员""湿地调查员""湿地讲解员"系列课程，创新融合短视频等载体，让更多未成年人走进湿地，培养更多湿地服务志愿者，实现湿地科普常态化。目前，已在同里国家湿地公园、太湖湖滨国家湿地公园等建立实践点，招募家庭志愿者884人，完成"湿地观察员""食物调查员"培训，宣传超2万人次，荣获 2022 年度苏州市精神文明建设"十佳新事"、2022 年江苏省学雷锋志愿服务"优秀志愿服务项目"、2023 年第七届江苏省文明实践志愿服务大赛金奖。

3. 可推广性

本案例成功探索了经济发达地区的湿地自然教育发展路径，形成了一套可供复制和推广的政策体系、示范基地和特色课程等，如《湿地自然学校建设指南》地方标准、湿地星级讲师评估体系、志愿者体系融合发展模式等，均可在全国乃至全球经济发达地区推广应用。

张家港世茂湿地自然学校组织学生开展自然教育教学活动

虽然苏州湿地自然教育行业已进入推动整体运营阶段，但仍然存在以下几方面的挑战。

一是行业人才管理。目前，部分从业人员的工作积极性欠佳、岗位认同感较低、流动性比较大，影响湿地自然教育课程效果的情况时常发生。

二是志愿者队伍建设。湿地教育志愿者是自然教育事业发展的重要补充力量，但针对志愿者的专业培训、发展体系建设等还存在瓶颈。

三是参与者需求。存在湿地自然科普参与者的需求与湿地自然学校提供的服务不匹配、开设的课程时间不合理等新问题。

对此，我们尝试从以下几方面持续努力，突破瓶颈，推动行业健康发展。

一是完善人才管理机制。完善人才管理和激励机制，形成湿地自然科普讲师的综合素质评估机制，全面落实职称与自然教育人员职业发展和收入待遇相挂钩的管理模式，并定期进行专业考核认证，持续提升自然教育人员的动力和能力。

二是探索湿地自然科普与志愿者融合发展模式。突破传统志愿者招聘、培养模式，尝试将志愿者培养与自然教育课程相结合，以项目化运作，开展沉浸体验式志愿者培养，配套开发系列课程，发展志愿者队伍。

三是探索湿地自然科普与学校教育融合模式。跨部门联合推动全市湿地自然学校与中小学校建立长期合作关系，以中小学课程国家标准为基础，开发延伸课程，让学生常态化走进湿地自然学校参与课程。湿地公园讲师配合学校进行课程研发、实施教学，实现"学校 + 湿地"的融合发展模式。

苏州市湿地保护管理站

苏州市湿地保护管理站成立于 2009 年 4 月，是全国地级市首个独立建制的湿地保护管理机构，负责全市湿地资源保护管理、科研监测、科普宣传等工作。

"爱鸟周"自然笔记活动:
中小学生进入湿地保护地的桥梁

▲ 案例信息

申报单位：UNDP-GEF 迁飞保护网络项目

案例所在单位：中国野生动物保护协会、UNDP-GEF 迁飞保护网络项目、
　　　　　　　红树林基金会（MCF）

CEPA 类型：传播、教育

案例覆盖范围：全国

开始时间：2020 年

▲ 专家推荐意见

　　该活动通过搭建平台吸引多方共同参与，以教师培训为核心、以学生自然笔记为载体、以候鸟为媒介，以湿地类型自然保护地为基地，带领中小学生走进周边湿地类型自然保护地，真实进行湿地体验，在整合资源、调动参与、活动组织、活动成效等方面效果显著，探索出一条湿地类型自然保护地与周边湿地教育机构及中小学校建立强关联的路径，为长期深入地开展湿地教育宣传活动打下了坚实的基础。

▲▲ 案例亮点

"爱鸟周"自然笔记活动主要借助环保节日——爱鸟周的影响力，通过开展传播类活动，提升公众特别是中小学生的湿地保护意识。2023 年，全国有 70 多个自然保护地、自然教育机构及教育体系参与了该活动。200 多所学校提交了 2500 余份作品，这些作品的范围跨越 21 个省（直辖市、自治区）。"爱鸟周"自然笔记活动已经成为一个全国性的品牌活动。

▲▲ 案例背景

2022 年起，UNDP-GEF 迁飞保护网络项目联合中国野生动物保护协会、红树林基金会（MCF），共同举办"爱鸟周"自然笔记活动，借助"爱鸟周"这一全国公众知晓程度最高的野生动物保护节日，面向中小学生征集自然笔记作品，广泛开展湿地公众宣传教育活动，号召中小学生走出家门，走进湿地开展观察和记录。

2022 年 3 月，UNDP-GEF 迁飞保护网络项目联合中国野生动物保护协会、红树林基金会（MCF）举办"爱鸟周"自然笔记活动。这次活动共有 25 家湿地类型自然保护地及相关管理部门、43 家社会组织一起进行了活动推广；根据候鸟迁徙的时间，从 3—6 月，自然笔记活动从南到北依次开展。各参与方共在线上线下举办了 18 场面向不同地域和教师群体的培训活动；有来自全国 18 个省（直辖市、自治区）2679 份作品成功投稿。经过评选，在这些投稿作品中，共有 50 幅作品获奖，260 名教师被评为"优秀指导教师"，178 家单位被评为"优秀组织单位"。

组织方在 2022 年《湿地公约》第十四届缔约方大会（COP14）期间举办了颁奖仪式，向获奖作品创作者、指导教师及参选单位颁发了证书。颁奖仪式上还正式发布了案例集《湿地因你而美：湿地教育的中国案例》。该案例集收录了参与本次活动的全部获奖作品，以及 17 个来自相关管理部门、湿地自然保护区、学校、社会组织等从事湿地保护的优秀人物故事，向公众展示了跨越中国南北各地湿地教育一线工作者的群像。此外，在活动期间，数以万计的中小学生走进湿地开展观鸟活动，了解湿地的生物多样性，增强了其对湿地的保护意识，树立了湿地保护理念。

2023 年，"爱鸟周"自然笔记活动持续发力。本次活动收到了来自 200 多所学校的 2500 余份作品，投稿作品范围跨越 21 个省（直辖市、自治区）；有超过 70 家湿地类型

学生到崇明东滩保护区开展自然笔记活动

出版书籍《湿地因你而美》

保护地、自然教育机构、教育单位参与活动。经过评选，共有 420 幅作品获奖，275 名教师被评为"优秀指导教师"，98 家单位被评为"优秀组织单位"，另外还评选出 6 个"特别合作伙伴奖"。在 2023 年 10 月 14 日"世界候鸟日"之际，"爱鸟周"自然笔记活动的颁奖仪式在泉州市举办。参加本次活动的师生和合作伙伴，终于能够在线下相聚，面对面分享活动心得。随即，在国家林业和草原局湿地管理司、中国野生动物保护协会、福建省野生动植物保护协会、UNDP-GEF 迁飞保护网络项目、红树林基金会代表的共同参与下，2024 年"爱鸟周"自然笔记活动正式启动。2024 年，在海口、深圳、泉州、长沙、北京等十几个城市开展 30 多场线下教师培训和学生活动，征集学生作品 1800 份，覆盖全国 20 多个省市，评选出 167 份优秀作品。未来期盼有更多地区的中小学生走进身边的湿地，开展观鸟等自然观察活动，创作独特的自然笔记。

2023 年"爱鸟周"自然笔记线下
颁奖活动

2023 年"爱鸟周"自然笔记活动一等奖作品

2022 年"爱鸟周"自然笔记活动一等奖作品

在 CEPA 行动计划中，中小学生是重要的目标人群。但往往湿地类型自然保护地的工作人员不了解学校的教学需求；学校教师虽然对湿地教育有兴趣但又缺乏相关的生态知识，不了解如何将自然保护区的资源与学校活动对接。"爱鸟周"自然笔记活动，以更加实际可行的方式，鼓励更多中小学教师走出带领学生进入湿地类型自然保护地的第一步，同时还为参与者提供了培训、讲座、专家队伍等支持，并提供机会和平台，让更多的湿地保护地宣教人员与学校教师参与到"自然笔记"这一有趣的教学实践方式中，从而提升公众尤其是中小学生对湿地的了解和关注。此外，"爱鸟周"自然笔记活动也在全国范围内搭建起了与专家队伍、湿地类型自然保护地、社会组织等的合作平台。

单位简介

UNDP-GEF 迁飞保护网络项目

UNDP-GEF 迁飞保护网络项目是全球环境基金（GEF）第七增资期在中国实施的生物多样性保护项目，执行期为 2021—2027 年国内和国际执行机构分别为国家林业和草原局湿地管理司和联合国开发计划署，国家林业和草原局林草调查规划院负责项目管理和实施工作。该项目旨在保护东亚—澳大利西亚候鸟迁飞通道重要候鸟及栖息地，提高保护管理能力、推动主流化和可持续融资，搭建国内外交流学习平台，并促进社区生计改善和性别主流化。

 中国野生动物保护协会

中国野生动物保护协会（CWCA）成立于 1983 年 12 月，宗旨是推动中国野生动物保护事业与社会经济的协调、可持续发展，促进人与自然和谐共生，主要任务是野生动物保护公众教育、科技交流、国际合作，动员组织社会力量参与野生动物保护，切实当好政府助手等。

 红树林基金会（MCF）

红树林基金会（MCF）2012 年 7 月在深圳市民政局注册成立，深圳市 AAAAA 级公募基金会。

基金会致力于湿地及其生物多样性保护工作，推动社会化参与的湿地保育和教育模式，以实现"人与湿地，生生不息"的美好愿景。目前专注于以下核心工作领域：绿色湾区、候鸟迁飞通道保护、红树林保护，以及 CEPA 湿地教育。

黄河三角洲鸟类博物馆研学活动：
教育与自然探索的融合

▲▲ 案例信息

申报单位：黄河三角洲鸟类博物馆

案例所在单位：黄河三角洲鸟类博物馆

CEPA 类型：教育

案例覆盖范围：场域

开始时间：2017 年

▲▲ 专家推荐意见

　　黄河三角洲鸟类博物馆开展的研学活动通过精心设计的引导、探索、实践、评价 4 个阶段，为学生提供了富有教育意义的体验。活动不仅丰富了学生的鸟类知识，还通过互动和实践活动，培养了学生的观察力、合作精神和环保意识，是素质教育的有效延伸。

▲▲ 案例亮点

　　针对中小学研学团队及夏令营团队，黄河三角洲鸟类博物馆结合鸟类专家意见，编制了《黄河三角洲鸟类博物馆研学手册》，并研发了鸟类博物馆专业研学课程，使学生的参观活动更具系统性、科学性、知识性和趣味性，并与研学导师的讲解相互配合，补充相关知识和信息，让学生边听、边写、边动手，从而避免"只旅不学"或在研学参观过程中学习效果不佳的情况。

▲▲ 案例背景

　　"读万卷书，行万里路"的游学传统自古以来便是中国士子增长见识、提高学问的方式之一。不仅如此，中国古代许多文人墨客，在学有所成之后，依然外出游历，阅遍祖国的大好河山，体会各地的风土人情，最终精益求精，成就更为非凡。现今的研学旅行树立学、思、游相互促进的观念，走出从学校到学校、从课堂到课堂的封闭圈，不断地拓展教育的边界，鼓励学生走出教室，走向更为广阔的天地，在真实的情境之中体验、合作、探究，培养其适应未来社会发展的必备品格和关键能力。在中小学素质教育过程中，研学旅行已然成为一个重要环节，其知行结合的创新型教育方式，有益于提升新时代中小学生的文化素养。在中小学开展研学旅行活动，能丰富中小学生的文化生活，让素质教育变得可视化。

研学旅行是一项有组织的集体性、探究性、实践性、综合性活动。它将课本知识与实际环境联系了起来，让知识变得可以触摸、可以感觉。组织中小学生走进社会，有助于中小学生更加深刻地了解社会、认识社会、融入社会，感受社会的进步与发展，明确社会进步的方向，培育中小学生的社会责任感。

参加研学旅行走向自然、走进博物馆，可以有效提高学生的学习兴趣。黄河三角洲鸟类博物馆（以下简称"鸟类博物馆"）是目前全国最大的鸟类专题博物馆。为了充分发挥博物馆的教育功能，提高研学活动质量，鸟类博物馆编制了《黄河三角洲鸟类博物馆研学手册》，并研发了鸟类博物馆专业研学课程。该课程的实施流程如下。

学生团队参观鸟类博物馆

学生认真填写研学手册

第一阶段：引导。在前往鸟类博物馆的路上，学校随队教师向学生抛出一系列鸟类问题，激发学生的好奇心和兴趣，并提前了解学生的关注点，记录其提出的疑问，为后续讲解活动提供参考。

第二阶段：探索。在鸟类博物馆的入口处，发放研学手册，让学生结合讲解员的讲解内容进行自主学习，完成研学手册中设计的任务。讲解结束后，由讲解员对研学手册上的任务进行答疑和点评。

第三阶段：互动活动。点评完成之后，组织学生开展互动活动，如折纸鹤、创作自然笔记、绘制鸟巢等，培养学生的动手和思考能力。

第四阶段：总结。讲解员组织学生，根据本次研学活动开展情况进行活动总结，并颁发鸟类博物馆科普实践研学证书，作为学生的研学活动实践证明。

鸟类博物馆开展的科普研学活动，通过实地参观、互动学习、实践等环节，有效提升了学生对鸟类及其生存环境的认识。活动设计巧妙，不仅增强了学生的观察力和实践能力，还培养了他们的环保意识和社会责任感，是一次成功的教育体验。

①增加了学生对鸟类的了解。鸟类博物馆通过自然场景的营造，融合多种现代化体验方式和多维度感官设计，使学生在参观过程中，更直观地了解黄河三角洲多样的湿地风貌和丰富的鸟类知识，感受鸟类文化。

②激发了学生的学习兴趣。通过讲解员讲解与研学手册自主学习相结合的方式，使学生在引导与自主探索的过程中，提高学习兴趣和主动性。

③提高了学生的实践能力。讲解活动后的互动环节，培养了学生的合作与分享能力，以及其发现问题、解决问题的能力。

④培养了学生的保护意识。研学活动充分发挥了鸟类博物馆的科普教育功能，让参与者在感受黄河口湿地的新、奇、旷、野、趣的同时，还能了解那些和我们生活在同一片土地上的动物，深刻体会"鸟是人类的朋友"的含义，唤起学生亲近大自然、热爱大自然、保护大自然的意识。

研学团队合影留念

鸟类博物馆第二展厅——缤纷佳境

在做好日常接待的同时，鸟类博物馆更加注重与各学校合作开展研学活动。2023 年，鸟类博物馆与来自山东省东营市及周边各地市的 20 余所学校联合开展了研学活动，参与活动的学生有 3.8 万余人次。鸟类博物馆开展的"鸟类世界：探索鸟类的奇妙特性"科普研学活动，使学生们直观地感受到了大自然的独特魅力，了解并学习了鸟类相关知识，培养了其保护大自然、保护鸟类的意识，有效地发挥了鸟类博物馆作为科普教育基地的教育功能，传递了爱护鸟类和保护生态环境的理念。

今后，鸟类博物馆将继续发挥科普教育基地的功能，与周边学校积极合作，开展丰富多彩的主题宣传和研学活动；并从提升展陈品质和讲解服务质量入手，拓展研学范围，加大对黄河口湿地的重要性及其保护工作成果的宣传教育力度，为黄河口生态环境保护及其可持续发展贡献力量。

黄河三角洲鸟类博物馆

  坐落于山东省东营市的黄河三角洲鸟类博物馆，是展示黄河口生态保护工作及人与自然和谐发展理念的城市名片，也是目前全国规模最大的鸟类专题博物馆，先后荣获"中国小记者综合素养教育活动示范基地""全国湿地自然笔记优秀组织单位""山东省科普创作大赛科普音视频类二等奖""山东省科普教育基地""山东省科普示范工程""东营市科普场馆工作先进单位"等多项荣誉称号。

华中里小学:
校园湿地保护教育的实践与传承

 案例信息

申报单位：武汉市江汉区华中里小学

案例所在单位：武汉市江汉区华中里小学

CEPA 类型：教育

案例覆盖范围：场域

开始时间：1989 年

 专家推荐意见

　　武汉市江汉区华中里小学在生态教育和湿地保护方面取得了显著成就，通过创新的教育模式和丰富的实践活动，成功提升了学生和社区的环保意识。学校将爱鸟、护鸟等理念融入课程和校园文化中，以"爱鸟周"等活动为媒介，加强了学生与自然的联结，有效地激发了学生参与自然对保护行动的热情，成为地区生态教育、湿地教育的典范。

▲ 案例亮点

　　武汉市江汉区华中里小学向全校学生提出了"关注湿地　爱我百湖　争做护湖小使者"的倡议，并招募了 80 余名学生志愿者走进"我家门口的湿地、湖泊"，参与调查身边湿地生态环境现状和变化的活动，参与学校和社区的湿地宣传保护活动，鼓励以学生家庭为单位参与湿地保护行动。

▲ 案例背景

　　1989 年，以"让鸟儿有一个家"为主题的"爱鸟周"活动掀开了武汉市江汉区华中里小学（以下简称"华中里小学"）生态教育的第一页。截至 2023 年，华中里小学的"爱鸟周"主题活动已经连续举办了 34 届。

　　2006 年，华中里小学在世界自然基金会（WWF）的支持下，建造了全国第一个小学湿地生态教育馆；2007 年，研发了校本教材《湿地：生命的摇篮》；之后，建立了国内第一个校园湿地教育基地；2015 年，华中里小学与武汉市湖泊管理局联合研发了校本教材《美丽武汉　多姿湖泊》，向全校师生传递湿地及其保护的重要性，开启了学校湿地教育的新篇章。

　　此外，华中里小学还以"爱鸟护鸟"教育为起点，以湿地保护教育为延伸，依托校本教材《鸟》《种植》《湿地：生命的摇篮》《美丽武汉　多姿湖泊》等，引导全校师生关注鸟类、湿地保护，并号召每位师生带动其家庭成员投入爱鸟护鸟、保护湿地的行动。

　　自办学起，华中里小学 30 多年来一直坚持开展生态教育、湿地教育，时刻将保护理念融入保护行动中，在实践中保护，在教育中传承，培养了一批又一批"护湖小使者"。

1. 坚守：护鸟为媒，特色育人

　　华中里小学的"爱鸟护鸟"教育始于 1989 年，并成立了全国最早的学生护鸟社团。30 多年来，学校每年都会在"爱鸟周"期间组织丰富多彩的爱鸟护鸟活动，通过开展舞鸟、唱鸟、画鸟、写鸟等形式多样的活动表达对鸟类的喜爱；同时，组织学生走出校园，向公众分发爱鸟倡议书，宣传保护鸟类的重要性；通过建立爱鸟教育基地，组织学生观鸟识鸟，培养学生的爱鸟之情；组织专家讲座，增长师生的鸟类知识；访问"爱鸟人"，交流护鸟经验。多年来，全校师生的观鸟护鸟足迹遍布武汉市区的江滩湿地、公园、植物园

学生走进自然，在武汉东湖观鸟

等，在湖北的沉湖、府河、京山及河南董寨等地也都留下了师生们观鸟护鸟的身影。学校还将爱鸟护鸟教育与学科课程、德育活动、传统文化等内容相结合，研发了《鸟语唐诗》校本教材，在品诗、赏鸟中激发学生的爱鸟之情、护鸟之行。

2. 传承：湿地教育，护湖标杆

多年的"爱鸟护鸟"教育活动让华中里小学的师生明白一个道理：单纯地爱鸟护鸟是不够的，要想保护好鸟儿，就要保护好鸟儿的栖息地——湿地。

2006 年，华中里小学就开始关注湿地的保护教育，建立湿地生态教育馆、编写校本教材，开展湿地教育活动，将湿地宣传、保护、可持续发展的责任传给下一代。2009 年，世界湖泊大会在武汉举行。因富有特色的湿地教育，华中里小学被委托担任中日韩青少年交流活动分会场任务。这是历届世界湖泊大会中唯一一次在一所小学设置分会场，成为华中里小学的骄傲。

武汉市域内有 166 个湖泊，素有"百湖之市"的美誉。2015 年，华中里小学从 166 个湖泊中选取具有典型代表的 14 个湖泊作为素材，研发了《美丽武汉　多姿湖泊》校本教材。该教材从湖之风姿、湖之历史、湖之名胜、湖之今朝、湖之诗词歌赋、游湖感言等多方面引导学生关注本土湖泊湿地，感受家乡湖泊的变化，激发其爱湖之情，并积极参与护湖行动。

自 2017 年起，华中里小学利用暑假，以"关注湿地　爱我百湖　争做护湖小使者"为主题，先后策划了"爱我百湖——都市绿肺""游湖赏荷""我家门口的湖泊"等实践活动，组织全校 700 余名学生走进武汉市各大湖泊开展湿地考察、市民采访、撰写科普手记等活动。

"关注湿地　爱我百湖　争做护湖小使者"主题活动以"校内—校外—校内""学习—体验—行为"的形式，多层次、多角度地引导学校师生关注湖泊；从科普教育走向环保实践，加强学生的生态道德教育，形成了鲜明的生态教育特色——本土、个性、品牌，将学校湿地教育再次推向新高潮。

2018 年，华中里小学被评为"湖北省湿地保护示范学校"，被推荐为全国首批"美丽中国，我是行动者——小河长小湖长"青少年环境志愿者行动试点学校。

2022 年，《湿地公约》第十四届缔约方大会（COP14）在武汉举办，华中里小学 30 余名学生代表参会，武汉小学生的爱鸟、爱湿地行为得到了国际认可。

2023 年，华中里小学组织 20 余名学生参加中国"笔记大自然"竞赛活动，学生作品荣获"全国一等奖"，学校荣获"优秀组织奖"。

3. 拓展：生态文明，行动育人

学校在爱鸟护湖行动的基础上，还开展了一系列生态教育活动，以提升学生的生态文明素养。例如：组织每个班级开展"一班一特色　一班一生态"系列活动；发动学生利用废弃的饮料瓶、旧油壶等制作简易花盆，放置在每个教室门口的走廊上，开辟"开心农场"；组织学生走进大自然，用笔记录自然界的美丽与奥妙，加强学生与自然的联结；全面升级班级电子白板，定期组织学生观看《动物世界》《美丽中国·湿地行》《科学探秘》等科教片；结合"国际爱护动物行动教育"，积极组织学生参加环境征文、征画、儿童剧等活动。这一系列行动，使学生多层次、多角度地认识、了解了湿地及其生物多样性，提升了保护意识。

4. 基地：环境文化，绿色育人

按照"总体规划，逐步投入，逐步建设"的思路，华中里小学在学校规划与绿化规划方面，将校园建成生态的教育场，努力打造绿色文化育人环境。

学生在校内屋顶花园参加自然笔记活动

华中里小学先后投入 100 余万元建立了全国第一个小学湿地生态教育馆和屋顶湿地小公园。湿地馆由教学互动区和展区两部分组成，学生可适时在两个区域内开展互动活动；屋顶湿地小公园建造有水池、种植有花草果木，是一个缩小版的湖泊湿地，为学生走进自然、了解湿地及学校开展湿地教育提供了平台。

此外，华中里小学因地制宜，在屋顶用废旧车胎、泡沫箱开辟了绿色种植园。一个班级一小块地，不同季节种不同的蔬菜。在播种、除草、施肥、收获中，学生不仅感受到了劳动的快乐，还能了解植物生长规律，增长知识。

华中里小学还建有风能、太阳能教育基地，向学生普及太阳能和风能发电知识，学生不仅开阔了视野，还认识到能源的重要性，将节能减排和低碳生活理念融入日常生活之中。

5. 成效：不忘初心，丰硕满园

"身居闹市，心敬自然，眺望远方，诗意前行。"华中里小学的生态教育和湿地教育得到了多方认可。学校的生态文明教育活动宣传片被来自中央、省、市 10 余家电视台多次播放。《中国青年报》《中国教育报》《湖北日报》《长江日报》《武汉晚报》《楚天都市报》《楚天金报》《武汉市科技报》及新华网、湖北电视台、武汉电视台等媒体对学校生态文明教育活动进行了上百次报道。来自日本、美国、德国的外国友人，国内的专家、学者、学校团体也慕名而来，与学校开展交流。截至 2023 年底，学校已接待来自省内外的来访者 3000 余人次，区内外师生 14000 余人次。

一路走来，学校收获满满。从成立全国第一个小学生爱鸟护鸟社团起，学校坚持"爱鸟护鸟"35年；从建立全国第一个小学湿地生态教育馆起，坚持开展湿地教育活动16年，成为全国第一批国际湿地学校、全国第一批"美丽中国，我们是行动者——小河长小湖长青少年环境志愿行动"试点学校、全国第一批国际生态学校。此外，华中里小学还被评为"国际生态学校""国际湿地学校""国家级绿色学校""全国未成年人生态道德教育示范学校""全国绿色学校校园环境管理项目学校""全国环境教育示范学校""湖北省科普示范学校""湖北省湿地保护示范学校"，获得"湖北省首届湿地保护教育奖""江汉区首届教育创新奖"等多项荣誉。

学习实践——湿地公园考察

鸟语"华"香——水质监测讲解

　　"关注湿地　爱我百湖　争做护湖小使者"系列活动让学生在领略武汉市丰富湿地、多姿湖泊魅力的同时，还激发了学生的爱鸟、爱湿地之情，增强了师生的保护意识。与此同时，活动还培养了学生的节水意识，将其融入日常生活之中，并将节约用水的理念传递给家长，影响周围的人。

　　华中里小学处于繁华的商业区，学生们缺少与大自然亲密接触的机会。学校开展的实践活动，不仅开阔了学生的视野，还加强了他们与自然的联结，增强了学生的社会责任感。

　　一湾湖水，诉说一段历史；一泓碧波，演绎一种风情。对于一座城市而言，湖泊是一幅诗情浪漫、美丽灵动的生态画卷。对于每个人而言，湖泊是一座心灵的栖园、一方流连的胜景、一处醉美的梦乡。守护鸟儿之声，呵护湿地之净，彰显湖泊之韵，是我们共同的心愿。

武汉市江汉区华中里小学

　　武汉市江汉区华中里小学创建于 1950 年，从 1989 年起开展生态文明教育，先后荣获"国际生态学校""国际湿地学校""湖北省湿地保护示范学校"等多项荣誉称号。

从知识到方法, 从观念到行动, 从教育到保护: 《生机湿地》助力中国湿地教育工作

🔺 案例信息

申报单位：深圳市一个地球自然基金会

案例所在单位：世界自然基金会（瑞士）北京代表处、深圳市一个地球自然基金会

CEPA 类型：能力建设、教育

案例覆盖范围：全国

开始时间：2015 年

🔺 专家推荐意见

《生机湿地：中国环境教育课程系列丛书》（以下简称《生机湿地》）作为中国第一本系统阐释湿地宣教理论方法，并设计了从科学方法到保护行动的一套教育课程的研究专著，为中国湿地宣教行业发展初期的理论体系完善与行业能力建设发挥了重要的专业支撑作用。多年来，依托《生机湿地》设计并组织的行业培训，培养的数千名湿地宣教工作者如今已成为中国湿地保护和宣教领域的中坚力量。

▲ 案例亮点

教材是教育工作的重要基础。在 2015 年之前，国内尚无以湿地保护为主题的系统性环境教育教材。绝大多数自然保护地一线宣教工作者对于如何开展湿地教育缺乏明确的方向。在此背景下，《生机湿地》的编写和运用探索了一条以课程建设为抓手，提升中国湿地教育水平，助力湿地人才培养和公众教育的工作路径。

▲ 案例背景

湿地与森林、海洋并称为地球三大生态系统，具有涵养水源、净化水质、调节气候、维护生物多样性等多种生态功能，被誉为"地球之肾""物种基因库"。全球约 40% 的物种依赖于湿地生存和繁殖。对于生物多样性保护来说，湿地具有不可替代的生态价值。然而，正是由于这种"亲密"关系，湿地也一直是受人类活动干扰最严重的生态系统之一。在过去 300 年里，全球有多达 87% 的湿地已经消失，其中约 1/3 的湿地是在 1970 年之后消失的。

健康的湿地生态系统与每个人的生活都息息相关。湿地保护不仅需要在政策、管理、科研、技术等领域进行探索，还需要通过湿地宣教工作提高公众对湿地保护重要性的认识和关注，以引导社会的支持和参与。

《生机湿地》是世界自然基金会（瑞士）北京代表处（以下简称"WWF 中国"）与国家林业和草原局湿地管理司合作研发的教材，旨在提升全国的湿地保护教育水平。自 2015 年推出以来，该教材已在全国 1200 多个湿地自然保护区和国家湿地公园推广使用，惠及了超过 4 万名公众。教材结合课堂与实践，通过评估和反馈机制，不断优化教学内容，提升教学质量，同时搭建"地球云客厅"平台，促进教育者的交流和课程本土化。

1. 教材开发

2015 年，为提升中国湿地主题环境教育水平，助力湿地保护工作，WWF 中国联合国家林业和草原局湿地管理司（原国家林业局湿地保护管理中心）研发了《生机湿地》。

《生机湿地》以湿地生态系统为主题内容，其编写借鉴了 WWF 课程方案编写的理论、原则和方法，浓缩了 WWF 在中国 30 多年来开展环境教育工作的经验，集结了近 50 位来自全国各地开展环境教育、保护研究及实践的专家、同行的智慧，具有较高的专业性、知识性、参与性和趣味性，主题鲜明，形式活泼。

次主题		模块名称	适宜季节	活动时长（分钟）	主要目标人群	扩展目标人群 *					
						1	2	3	4	5	6
H₂O	奇妙水世界	奇妙的水	春夏秋冬	45~90	小学生	●					●
		神奇的湿地	春夏秋冬	45~120	初中生	●	●	●	●	●	●
	湿地放大镜	自然竞技场	春夏秋	50~150	小学生		●	●			●
		餐桌上的湿地植物	春夏秋	50~90	小学生	●	●	●			●
		飞羽寻踪	春秋冬	45~90	小学生	●	●	●			●
		中华鲟洄游之路	春夏秋冬	45~90	初中生	●	●	●			●
	湿地与我们	稻乡	春夏秋冬	50~90	小学生						●
		四季渔场	春夏秋冬	45~80	高中生	●	●	●			●
		湿地探索家	春夏秋	60~120	初中生	●	●	●			●
	湿地守护者	湿地规划师	春夏秋冬	50~90	高中生		●	●			●
		不速之客	春夏秋冬	45~90	高中生	●	●	●			●
		我的水足迹	春夏秋	45~80	高中生	●	●	●			●

* 人群划分：1. 小学生；2. 初中生；3. 高中生；4. 大学生；5. 成人；6. 亲子家庭

《生机湿地》课程模块表（世界自然基金会供）

书中提供了 12 个特色鲜明又兼具教育逻辑的示范课程，供教学者使用。这些课程参考了中国教育部制定的课程标准，采用"课堂学习"和"校外实践"的立体学习模式，为学校与湿地自然保护区、湿地公园等自然保护地开展湿地教育工作提供了方法和理论参考。

2. 培训组织

　　2017 年，《生机湿地》由中国环境出版社正式出版。此后，WWF 中国联合国家林业和草原局湿地管理司及深圳市一个地球自然基金会，在全国范围内面向国家湿地公园、湿地自然保护区、学校、社区、教育机构等，开展讲座、培训等，分享和推广相关课程。《生机湿地》通过全国 31 个省（直辖市、自治区）的林业厅局分发，覆盖了全国 1200 多家湿地类型自然保护区和国家湿地公园，为中国的湿地保护宣传教育提供了专业指导和实践支持。各地根据《生机湿地》提供的课程，在全国 20 个省（直辖市、自治区），开展了 1000 多场教学活动，惠及公众 4 万人次。

林雨帆老师带领小学生开展自然竞技场活动（林丽帆供）

　　除了授课，项目组还鼓励教师通过学生作品、随堂任务、问卷、课后练习（如视频制作、调查报告等）、个人总结等方式，积极开展课程评估，以及时了解活动成效，提升教学质量。此外，项目组还通过搭建"地球云客厅"教学分享平台、设立注册机制、提供小额基金等方式，支持教育者更好地使用《生机湿地》，鼓励他们对课程内容进行本土化改编，甚至研发原创课程，如吴江同里国家湿地公园参考《生机湿地》，编写了自己的特色课程。

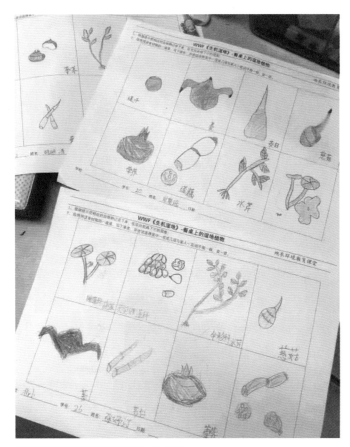

孩子们自绘的餐桌湿地植物笔记（陈丽供）

活动评估反馈表（郭露霞供）

今天，我们见证了湿地教育队伍的不断壮大，以及教育内容和形式的日益丰富。然而，总体而言，中国在湿地教育领域的专业人才仍然非常紧缺。《生机湿地》的经验表明，一套标准化的教材和工具能够降低对教育者的要求，使其能够迅速投入工作。因此，湿地宣教相关机构应加强对湿地课程的研发，以满足教育需求并提升教育质量。

再者，我们发现，教育者从《生机湿地》所展示的 WWF 环境教育课程设计理论方法中获益匪浅。这些方法为提升教育者在地化教育的实施和教学设计能力提供了重要的支持。这也说明，我们应当加强对湿地教育课程设计和教学工作的理论研究，以及实践推广。

最后，实现湿地教育的多元化至关重要。通过有效利用社会资源，并充分发挥校内和校外教育的优势，我们可以为学习者创造更丰富的学习体验，并提供更多样化的志愿服务平台。

世界自然基金会（瑞士）北京代表处

世界自然基金会（瑞士）北京代表处为世界自然基金会（WWF）在中国的代表机构。WWF 成立于 1961 年，为目前全球最大的独立性非政府环境保护组织之一，致力于全球生态环境保护工作。

 深圳市一个地球自然基金会

深圳市一个地球自然基金会于 2017 年成立，是注册在深圳的 AAAA 级非公募基金会，其使命愿景是通过保护生物多样性、降低生态足迹、确保自然资源的可持续利用，从而创造人类与自然和谐相处的美好未来。

"鄱阳湖的奇趣生活"：
候鸟保护与社区参与的湿地教育实践

 案例信息

申报单位：保护国际基金会（美国）北京代表处

案例所在单位：保护国际基金会（美国）北京代表处 、

江西鄱阳湖国家级自然保护区管理局

CEPA 类型：能力建设、教育

案例覆盖范围：区域

开始时间：2021 年

 专家推荐意见

项目团队扎根鄱阳湖及当地社区，以兼顾趣味性、互动性与科学性的课程研发为基础，通过培训试课、课程推广和执行辅导，切实帮助自然保护区、当地社区和学校提升湿地科普宣教的理论和实践能力，真正将鄱阳湖湿地保护的重要意义通过有效且有趣的教育方法，植根于青少年和公众的心中。

▲▲ 案例亮点

为了提高候鸟和湿地保护能力建设与教育的趣味性、互动性和立体感，"鄱阳湖的奇趣生活"项目用"编课程、出读本、练讲师、教孩子"的四步法，首先编写并出版了《鄱阳湖的奇趣生活：鄱阳湖湿地和鸟类保护自然教育读物》（以下简称《鄱阳湖的奇趣生活》），以及相应的教师指导手册；开发了一套以该读本为主体的自然教育课程，包含 4 堂系列课；开展了主要针对自然保护区管理人员和周边学校教师的定制化自然教育讲师培养计划和实践培训，通过种子讲师培训、课程测试、推广和执行，将鄱阳湖区候鸟和湿地的科普知识与线下课程紧密结合，提升了自然保护区、周边学校等单位自然教育人才的专业技能，并增强了作为最终课程受益者的青少年的活动体验感，促进了知识和理念的传播。

▲▲ 案例背景

"鄱阳湖的奇趣生活"项目是 2019 年以来保护国际基金会（美国）北京代表处（以下简称"保护国际"）在江西省开展的湿地保护工作的一项重要内容，继承了保护国际在大熊猫国家公园鞍子河自然保护地、广东东江流域人工湿地等地将自然教育工作作为重要内容纳入生态保护项目的一贯做法。同时，"鄱阳湖的奇趣生活"项目是在联合国粮食及农业组织（FAO）—全球环境基金（GEF）江西省湿地保护区体系示范项目支持下，保护国际与江西鄱阳湖国家级自然保护区管理局等单位紧密合作的成果，旨在通过教育提升公众对候鸟和湿地的保护意识，更好地贡献于中国最大淡水湖——鄱阳湖的保护工作。

该项目内容围绕鄱阳湖的湿地资源和生物多样性展开，包括大湖、碟形湖、河口三角洲、农田等不同生境及其代表性物种，如野生植物、农作物、哺乳动物、鸟类、昆虫、鱼类和底栖动物，还融入了湿地、自然保护区和生态系统的基本概念，以及当地居民生活中与自然和谐共生的传统文化和习俗。

2022 年，《鄱阳湖的奇趣生活》自然教育课程完成编写。按照项目计划，在课程编写完成后，首先开展自然教育讲师培训，培养一批该课程的种子讲师。其次，由种子讲师根据课程开展实践，并通过实践对内容不断地进行修订和完善，最终将其带进校园测试。2022 年 8月 16 日至 19 日，约 40 名来自鄱阳湖周边保护区、小学和自然教育机构的工作人员在江西省南昌市参加了由项目团队组织，以课程开发人员、读本编写人员、特邀自然教育专家等作为培训师，由讲、学、练等环节组成的项目种子讲师培训，并通过了培训考核。

2022 年 10 月至 2023 年 4 月，在项目团队带领下开展了 4 次入校示范课后，种子讲师们在鄱阳湖区的 30 所小学或自然教育基地（包括上饶市康山县康山乡府前小学、九江市都昌县多宝乡回民小学、庐山市沙湖山九年制学校和南昌市新建区恒湖小学等）基于"鄱阳湖的奇趣生活"系列课程开展了共约 1000 名学生参与的自然教育课。项目还借此向参与学校赠送该读物，受到了师生的广泛喜爱和好评，有效地促进了候鸟及其栖息环境的保护工作。

在 2022 年 11 月举行的《湿地公约》第十四届缔约方大会期间，在由保护国际参与主

《鄱阳湖的奇趣生活——鄱阳湖湿地和鸟类保护自然教育读物》

办的"跨区域湿地行动：连接人、物种和栖息地"主题论坛上，《鄱阳湖的奇趣生活》举行了首发揭幕仪式，FAO-GEF 江西湿地项目、江西鄱阳湖国家级自然保护区管理局以《鄱阳湖的奇趣生活》为例，分享了多利益相关方在湿地保护中的合作经验。

2023 年 3 月，3388 册《鄱阳湖的奇趣生活》被分发给了鄱阳湖流域的各个自然保护区和管护站；同年 4 月，该书 308 册被 FAO-GEF 江西湿地项目、江西鄱阳湖国家级自然保护区管理局和保护国际共同捐赠给了由南昌市政府主导、社会力量参与建设的城市文化公共空间"孺子书房"，将在 100 多个南昌城市书房供市民借阅。

向南昌市"孺子书房"捐赠自然教育读物《鄱阳湖的奇趣生活》

2023 年 4 月 7 日，中国生态科普校园行活动联合赣鄱生态科普大讲堂走进南昌市第二中学高新校区，江西省生态学会副理事长兼秘书长戴年华为学生们讲授了生态科普课程，并向学校赠送了《鄱阳湖的奇趣生活》。

2022 年 8 月师资培训

2023 年 7 月，《鄱阳湖的奇趣生活》被中国林学会评为"2023 年自然教育优质书籍读本"。

2023 年 12 月，《鄱阳湖的奇趣生活》被国家林业和草原局评为"优秀林草科普作品"。这不仅是对该书在普及湿地和鸟类保护知识方面所作贡献的肯定，也是对其在提升公众生态意识方面影响力的认可。

2023 年 8 月，为基层工作人员定制的第二次基础培训实践课程

沙湖保护管理站在沙湖山九年制学校开展自然教育活动

　　"鄱阳湖的奇趣生活"项目高度重视项目的延续性和可持续性。通常，项目执行方在完成活动后，项目便告一段落。然而，对于候鸟和湿地保护能力建设项目而言，仅通过单次或几次活动难以实现长期和持续的影响。在多数情况下，一旦执行方撤离，项目的影响力很快就会减弱。为了确保项目的可持续性，项目执行方积极鼓励地方合作伙伴，包括湖区基层保护站的工作人员和湖区小学教师，深入学习实践并参与课程的改进。通过定制的讲师培训，基层工作人员很好地掌握了候鸟和湿地保护的基础知识和教育方法。在数十所学校的课程实践中，讲师们基于标准课程，研发出适合本人、本校或本站点的课程内容和授课方式，形成了自己独特的教学风格，使学生能够在真实环境中亲身体验并参与鸟类和湿地的保护行动。这种模式将使项目的影响力更加深远和持久。

保护国际基金会（Conservation International, CI）

保护国际基金会（Conservation International, CI）成立于 1987 年，总部位于美国弗吉尼亚州阿灵顿，在全球近 30 个国家和地区设有办公室，全球网络覆盖数千个合作伙伴，致力于优先保障大自然为人类带来的关键福祉。通过将科学、金融、政策创新与野外示范相结合，帮助并支持了 70 多个国家保护超过 600 万平方千米的土地、海洋和沿海地区。2002 年，保护国际基金会开始进入中国开展生物多样性保护工作和探索基于自然的气候解决方案，主要包括森林生态系统保护和修复、淡水湿地生态系统保护和修复、公海保护地建设、红树林海草床等滨海湿地生态系统保护与修复、海洋生物多样性保护、保护地周边乡村社区可持续发展等。2017 年，保护国际基金会成为首批在北京注册了境外非政府组织代表处的机构。

 江西鄱阳湖国家级自然保护区管理局

江西鄱阳湖国家级自然保护区管理局地处鄱阳湖西北角，成立于 1983 年，1988 年晋升为国家级自然保护区，总面积达 224 平方千米，地跨南昌、九江和上饶 3 市，辖有大湖池、沙湖、大汊湖、蚌湖、中湖池、梅西湖、象湖、常湖池、朱市湖 9 个湖泊。其主要职能是保护以白鹤为代表的珍稀候鸟和湿地生态环境，开展与生态保护相关的科学研究，实现自然资源的保护和可持续利用。2020 年，加挂江西鄱阳湖水生动物保护区管理中心牌子，增加鄱阳湖长江江豚、银鱼产卵场、鲤鲫鱼产卵场 3 个省级水生动物自然保护区管理职能。

"留住江豚的微笑——爱豚联合行动"
社会化参与物种保护的探索之旅

▲▲ 案例信息

申报单位：世界自然基金会（瑞士）北京代表处

案例所在单位：国家林业和草原局湿地管理司、国际湿地公约履约办、

世界自然基金会（瑞士）北京代表处、中国绿化基金会

CEPA 类型：公众参与

案例覆盖范围：全国

开始时间：2011 年

▲▲ 专家推荐意见

　　世界自然基金会（WWF）发起的"湿地使者行动"和"寻找江豚最后的避难所"项目，通过社区调查、公众宣传和明星效应，有效提升了社会对湿地及江豚的保护意识。这些活动不仅增强了公众参与度，也为长江生态保护工作积累了宝贵经验，展现了社会组织在生态保护中的积极作用。尽管江豚保护取得了一定进展，但仍需持续关注和努力。

▲ 案例亮点

该行动以推进社会化参与，保护长江湿地生态系统的旗舰物种——长江江豚为目标，吸引了全社会的关注，激发了公众的保护热情，为保护工作注入了信心和希望。同时，它也促进了保护人才的成长、非政府组织（NGO）的建立以及保护体系的发展，成为江豚保护的里程碑事件，是保护形势的重要转折点。

▲ 案例背景

全世界有 7 种淡水鲸类，其中，长江江豚和白鱀豚是中国长江特有物种，曾广泛分布于长江中下游及大型通江湖泊中。然而，由于受到水利工程、航运、非法捕捞等人为活动的影响，它们的生存环境在不断恶化。

自 2007 年白鱀豚被宣布功能性灭绝后，长江江豚成为长江中唯一的现生淡水豚类。它们的种群数量从 20 世纪 90 年代中期的 2500 余只，下降到 2011 年的不足 1500 只，且仍在以每年 5% ～ 10% 的速度递减。如果不采取有效的保护措施，长江江豚可能会在 10 年内从长江消失。

项目启动前，社会各界对长江江豚的就地保护信心不足，保护策略有转向迁地保护和人工繁育的趋势，再加上公众关注度和参与度不高，各自然保护区的管理能力也受到多方面的限制，长江江豚的保护工作举步维艰，迫切需要注入新的保护力量，以增强对长江江豚及其生态系统的保护信心，提高保护工作的成效。

基于此，WWF 在中国发起了"湿地使者行动""寻找江豚最后的避难所"等主题活动，呼吁社会关注并支持长江江豚及其栖息地的保护工作。

自 2002 年起，WWF 在中国启动了"湿地使者"行动，以唤起公众对湿地生态系统重要性的认识，并鼓励社会各界力量联合起来，共同参与湿地的保护和恢复工作。

2011 年 8 月 1 日，由国家林业和草原局湿地管理司（原国家林业局湿地管理中心）、国际湿地公约履约办公室、WWF、中国绿化基金会主办，可口可乐、汇丰银行等机构支持的"寻找江豚最后的避难所"主题活动（以下简称"主题活动"）启动。此次活动不仅是对长江江豚保护工作的一次重要推动，也是对长江湿地生态系统保护意识的一次集体觉醒。

1. 活动内容

（1）主题活动正式启动

2011 年 8 月 1 日，全国 15 支"湿地使者"队伍前往位于长江中下游的 11 座城市。这些城市位于荆州至上海之间，是长江江豚的栖息地。他们的目标是寻找长江江豚的最后避难所，同时开展社区调查和实地宣传活动，收集保护长江江豚所需的基本信息，并提升当地居民的保护意识。"湿地使者"还记录了长江江豚与人之间的互动故事，以期激发社会各界的共鸣，赢得支持。

紧接着，在 8 月 16 日至 17 日，WWF 明星志愿者张靓颖与"湿地使者"们一同参与了"留住江豚的微笑"寻豚之旅。同时，他们联合众多志愿者和媒体，发起了"留住江豚的微笑——爱豚联合行动"系列线上活动，以吸引更多公众参与到长江江豚的保护行动中来。张靓颖向公众发出呼吁："让我们保护江豚的家园，永远留住它的微笑。"

这些活动极大地推动了公众参与长江江豚保护的进程，相关的宣传也引起了社会对长江江豚的广泛关注。因此，2011 年被视作社会化参与长江江豚

"留住江豚的微笑"宣传海报

保护的起点，此后长江江豚保护的社会化成为主流趋势。"留住江豚的微笑"这一口号深入人心，得到了社会的广泛认可和使用，成为过去 10 余年来最具代表性的长江江豚保护口号。

（2）主题活动发酵与体系完善

在 2012 年的春夏之交，长江干流、鄱阳湖、洞庭湖等地发生了多起长江江豚集中死亡事件，这引起了社会组织和媒体的广泛关注和首次大规模报道。同年 11 月，第二次长江江豚科学考察结果显示，对比同期历史数据，长江江豚的生存状况明显恶化。这些有序的详细报道和大量的宣传激发了公众对长江江豚及长江环境的极大关注，使其意识到必须采取更强有力的保护措施，否则长江江豚可能在 10 年内从长江消失。

"留住江豚的微笑"这一口号在新闻报道中被反复提及，直接表达了公众的情感和关切，激发了社会的担忧和同情，引发了深刻的反思，并促使社会各界达成共识：保护长江江豚迫在眉睫，保护长江江豚等同于保护我们自己的未来。

张靓颖为"留住江豚的微笑"活动创作并演唱了主题曲《感谢》。她用深情的歌声呼唤更多人为长江江豚带给人类的美好而感恩，从而加入江豚保护的行列。这首歌不仅丰富了长江江豚保护的社会化参与内容，也加深了人们对长江江豚保护与人类文化生活紧密联系的理解，并在随后的保护行动中被广泛用作活动主题曲或背景音乐。

2012 年，"长江江豚"成为百度搜索的前五热门词条之一，媒体报道量自 2011 年起呈爆发式增长，显示出公众对长江江豚保护的高度关注和持续的热情。

（3）主题活动延续发展

自 2011 年起，WWF 以"留住江豚的微笑"为口号，开展了一系列公众参与的宣传活动，如"守望江豚""寻豚记""邂逅 72 小时""为江豚来奔跑""水之旅行"等，并在世界湿地日、国际生物多样性日、世界巡护员日、国际淡水豚日等环境节日期间开展专题活动。通过开展多样化的活动，WWF 逐步提高了公众对长江江豚及其生存现状的认识和了解，有效地推动了长江江豚保护意识的普及和深化。这些努力在政府机构、科研院所、企业、非政府组织（NGO）、媒体以及环保人士中形成了广泛的保护共识，为长江江豚的保护工作奠定了坚实的基础。

进入社区开展保护长江江豚宣传工作

（4）主题活动社会效益

自 2012 年首个民间社会团体——岳阳市江豚保护协会成立以来，在长江江豚分布地区的社会组织不断增加，至今已成立超过 30 家专注于长江江豚保护的社会组织。此外，国内外约有 67 家社会组织和超过 200 家企业参与了长江江豚的保护行动。这些组织和企业遍布长江江豚的各个分布区域。他们积极投身于保护工作的第一线，开展宣传、监督、巡护、文创产品开发、生态监测、生态修复、帮助渔民转产等多样化的保护活动。

社会组织和企业的参与，不仅为长江江豚保护工作注入了不可或缺的力量，而且有效地遏制了长江江豚种群数量的快速下降，甚至促进了种群数量的恢复性增长。他们的努力和成效得到了政府、专家以及社会各界的广泛认可，同时也证明了社会化参与在长江江豚保护中的重要作用和积极影响。

2. 活动特点

长江江豚保护行动通过社会化参与、明星志愿者的影响力、实地探访体验、创新活动模式和持续宣传，成功提升了公众保护意识和参与度。这些活动不仅增强了保护力量，还促进了政府和社会的持续投入，也推动了保护体系的发展和完善。

①社会化参与既是一种保护方法也是一个保护力量单元。在长江江豚保护面临严峻考验时，社会化参与作为关键的保护策略被广泛采纳和重视。它不仅作为补充政府和科研机构努力的重要力量，还逐渐成长为保护工作中不可或缺的一部分，共同推动了长江江豚保护体系的完善和发展。

②首次借助明星志愿者的公众影响力，吸引公众对长江江豚及其栖息环境的关注，高效地促进了保护信息的传播。

③实地探访和体验更容易拉近与公众的距离。实地探访活动通过带领公众和志愿者直接走进长江江豚的栖息地，提高了人们对长江江豚生活环境及其所面临的生存威胁的认识，加深了公众对保护工作重要性的理解。这种亲身体验的方式不仅提升了活动的真实感，也使参与者更加直观地感受到保护长江江豚的迫切性。

④活动模式容易复制和推广。明星志愿者的参与为公益活动带来了创新。通过他们的公众影响力，成功吸引了更多公众关注并参与长江江豚的保护工作。这一策略不仅适用于长江江豚，也适用于其他野生动物和环境保护项目，具有极大的推广潜力。

⑤单次活动被发酵成一个长期的系列行动。本次保护活动超越了一次性的公益事件，转而成为一个长期且持续发展的项目。它通过持续的宣传教育和跨区域的沟通协作，有效提升了公众的保护意识。此外，活动还促进了政府和社会对保护行动的持续关注和投入，为长江江豚提供了一个更加友好的生存环境。

⑥ 推进长江江豚保护的社会化参与和系统化发展。本次活动成功推动了长江江豚保护的社会化参与，激发了社会各界的热情和活力，为原本严峻的保护形势带来了希望和动力。活动通过引入更多资源和促进保护体系的完善，不仅促进了保护机构的建立和政策的实施，还加强了全流域的资源集中和保护联动。《长江江豚拯救行动计划 2016—2025》的制定，标志着保护工作进入了系统化阶段。

"留住江豚的微笑"活动具有独特性、创新性和可持续性，成为一个生态保护典范，不仅推动了物种保护，而且促进了长江生态系统的保护，成为中国生态保护的重要里程碑。"留住江豚的微笑"不仅是一个口号，更是一份责任。2022年，长江江豚种群考察初步结果显示，长江江豚的自然种群较2017年有所恢复，首次实现止跌反增，母子豚数量有显著增加，预示未来种群可能有较大恢复。但威胁长江江豚生存的因素没有发生根本性转变，长江江豚极度濒危的现状也没有改变，保护工作仍任重道远。我们还需要更多的传承和接力，继续这场值得载入历史的生命长江保卫行动。

"湿地使者"进入乡村社区，宣传湿地和长江江豚保护

1. 社会化参与保护具有重要性、必要性和必然性

长江江豚是长江生态系统健康的指示物种，其数量的减少随着城镇化、人口增长、社会经济的快速发展而日益严重，环境的持续恶化已经敲响了生态威胁的警钟。作为食物链顶端的物种，长江江豚的生存现状引发了对长江能否支撑华夏文明可持续发展的深刻反思。人类既是问题的制造者，也是解决方案的一部分。仅靠政府、科研机构和少数环保人士的努力是不够的，全社会必须提升意识并改变行为，这是保护工作的根本途径。

鉴于公众对长江江豚的喜爱和对保护工作的认同，以及对未来生活质量的期望，参与长江江豚保护已成为一种发自内心的社会共识。这种参与不仅是对当前的责任，也是对未来世代的承诺。因此，我们需要加强交流与合作，形成保护工作的合力。随着对长江环境恶化影响的担忧和恐惧日益增加，社会化参与已成为保护工作发展的必然趋势。"留住江豚的微笑"已从单一活动的口号演变成全社会共同参与保护行动的动力。长江江豚成为长江保护的旗帜，其保护成效显著。

2. 保护不仅需要创新，也需要不断传承和持续接力，尤其是青年力量将是创造更加美好未来的主力军

WWF 倡导的保护策略建立在科学研究的基础之上。为了实现长期目标，必须制定合理的战略，而这些战略需要经过科学的研究和严谨的论证。根据实际情况的变化，设计出科学的保护方法，确保保护工作的科学性、

持续性、趣味性和参与性。环保领域的重大进展和成果往往需要较长时间才能显现，因此应以长远的眼光来评估阶段性的成就。

环保工作是一项长期的任务，需要多方面的参与和努力。长江的保护行动需要的不仅是个别团体或个人的努力，还有全社会的共同参与。青年人，作为未来的主人翁，他们的责任感是推动传承和接力的关键。他们带来的激情、活力、创造力以及持续的资源投入，是实现环保工作可持续发展的关键因素。

单位简介

世界自然基金会（瑞士）北京代表处

世界自然基金会（瑞士）北京代表处为世界自然基金会在北京设立的代表机构。世界自然基金会成立于 1961 年，为目前全球最大的独立性非政府环境保护组织之一，致力于全球环境保护工作。

国家林业和草原局湿地管理司

国家林业和草原局湿地管理司（原国家林业局湿地管理中心），是中国负责湿地保护工作的国家级机构。其主要职责包括组织起草湿地保护的法律法规，研究拟订湿地保护的相关技术标准和规范，制定并实施全国性、区域性湿地保护规划等。

中国绿化基金会

中国绿化基金会成立于 1985 年，是一个全国性公募基金会，其业务主管单位是国家林业和草原局，负责组织开展大型公益劝募活动，募集绿化资金，开展区域、行业绿化合作，设立地方、行业、企业或个人绿化公益事业专项基金等。

国际湿地公约

国际湿地公约（RAMSAR）秘书处是负责协调和管理《关于特别是作为水禽栖息地的国际重要湿地公约》（简称《湿地公约》）的机构。《湿地公约》于 1971 年在伊朗拉姆萨尔签署，旨在保护和合理利用全球湿地。

典型案例 11

多方合力，
共同守护盐城黄海湿地

 案例信息

申报单位：江苏盐城国家级珍禽自然保护区管理处

案例所在单位：江苏盐城湿地珍禽国家级自然保护区

CEPA 类型：公众参与

案例覆盖范围：区域

开始时间：2019 年

专家推荐意见

　　盐城黄海湿地申遗成功，标志着其生态价值被全球广泛认可。为了进一步加强盐城黄海湿地的守护，江苏盐城国家级珍禽自然保护区管理处推动成立了黄海湿地保护志愿者协会，进一步动员社会力量，推动学校、企业、社区以及公众的共同参与，为湿地保护工作注入了活力，展现了社会化参与湿地保护的积极模式。

▲ 案例亮点

　　江苏盐城国家级珍禽自然保护区管理处积极走进学校、社区、企业开展湿地科普宣讲，普及湿地保护理念，号召更多的人保护盐城黄海湿地，建立了多个黄海湿地保护志愿者协会分部，逐渐扩大影响，形成学校、社会组织等多方合力，共同守护盐城黄海湿地。

▲ 案例背景

　　2019 年 7 月 5 日，位于盐城的中国黄（渤）海候鸟栖息地（第一期）被正式纳入《世界遗产名录》，成为全球第二个潮间带湿地遗产、江苏省首项自然遗产，填补了中国滨海湿地类型遗产的空白。江苏盐城湿地珍禽国家级自然保护区是盐城世界自然遗产地的重要组成部分。江苏盐城湿地珍禽国家级自然保护区生物多样性丰富，区内保护了 2500 多种动植物，其中，鸟类 421 种。每年有 400 ～ 600 只野生丹顶鹤在此越冬，有 2000 万只候鸟迁飞经过，百万只水禽在此越冬，素来享有东部沿海"国家重要湿地基因库"之称。多年来江苏盐城国家级珍禽自然保护区管理处秉承湿地保护全民参与的理念，积极走进学校、社区、企业等，通过多渠道、多方式不断提升社会公众的湿地保护意识和湿地活动的参与度，推动可持续发展，助力生态文明建设。

江苏盐城国家级珍禽自然保护区管理处（以下简称"珍禽保护区"）自 2019 年成立黄海湿地保护志愿者协会以来，联合社会团体、单位组织开展湿地保护志愿服务活动，产生了良好的社会影响，彰显了社会各群体共同守护自然生态的决心与行动力。

1. 教育先行，构建绿色校园

（1）广泛动员，形成保护力量

自 2019 年开始，为了激励社会各界人士，特别是青少年投身湿地保护事业，珍禽保护区陆续走进盐城工学院、盐城师范学院、盐城中学、盐城市第一小学等大中小学校开展科普讲座，建立湿地保护志愿分部，呼吁大家踊跃加入黄海湿地保护行动中。各学校积极响应，纷纷行动起来，成立了徐秀娟黄海湿地保护志愿者协会、少儿湿地学院等多个组织，成为盐城黄海湿地保护志愿服务保护的一股坚实力量。

专家为志愿者科普观鸟知识

（2）开展湿地科普培训，传递生态理念

自成立以来，珍禽保护区每年面向全市中小学校，定期开展湿地科普教育培训、湿地科普教育微课比赛以及湿地科普知识竞赛。这些活动不仅显著提升了参与者的湿地保护知识与意识，更使其成为生态教育的有力传播者。

（3）走进湿地，共筑绿色守护屏障

志愿者清理海洋垃圾

珍禽保护区定期组织志愿者服务活动，越来越多师生走进湿地，开展湿地志愿者服务活动，如清除加拿大一枝黄花志愿者活动、清除海洋垃圾、志愿科普宣讲、鸟类调查志愿活动等。这些活动不仅提高了师生湿地保护的参与度，也增强了师生们守护盐城黄海湿地的责任感，成为一道助力生态文明建设的靓丽风景线。每年有近万名师生参与相关活动。

2. 多方合力，构建绿色网络

珍禽保护区与亭湖检察院、东风悦达起亚有限公司等多家单位建立了长期的志愿服务体系，共同组织生态修复林、"检·鹤·行"、清除外来入侵物种、清除海洋垃圾等一系列活动。同时，珍禽保护区与社区合作，建立了生态志愿巡护岗，定期开展生态巡护员培训，增加巡护志愿者的巡护知识和能力。目前，生态志愿巡护岗已经吸纳了26名社区生态巡护员，构建起周边社区与珍禽保护区的共同守护黄海湿地的绿色网络。

3. 成效显著，守护绿色家园

最广泛的参与度：成果展现了从学生到教师，从校园到社区、企业，乃至社会各界最广泛的参与，形成了保护黄海湿地的强大合力。

志愿者与学生进行增殖放流活动

最深入的教育影响：通过定期的教师、志愿者培训和校园科普活动，实现了生态保护理念最深入的传播与教育，尤其是在青少年中奠定了生态保护的意识。

最直接的环境改善：清除入侵物种、植树造林等直接行动，带来了黄海湿地生态环境最直接、最显著的改善。

最有效的守护行动：建立的志愿者组织、长期服务机制，确保了黄海湿地保护最持久、最稳定的行动力。

珍禽保护区积极开展黄海湿地志愿者保护活动，不仅激发了珍禽保护区内外的生态保护意识，更有效的守护了这片宝贵的自然遗产，为未来的可持续发展奠定了坚实的基础。

为热衷于湿地保护的社会公众提供志愿服务的平台，通过持续的志愿活动，争取社会力量共同携手湿地保护工作，将湿地保护的内容丰富化、人员结构多样化。

单位简介

江苏盐城湿地珍禽国家级自然保护区

江苏盐城湿地珍禽国家级自然保护区成立于 1983 年，主要保护以丹顶鹤为代表的湿地珍稀野生动物及其赖以生存的滨海湿地生态系统，总面积 247260 公顷，是世界生物圈保护区、国际重要湿地、东亚—澳大利西亚候鸟迁飞区伙伴关系成员、国际自然保护地联盟成员、世界自然遗产地。区内生物多样性十分丰富，有各类动物 1855 种（其中鸟类 421 种），高等植物 697 种。区内有国家重点保护野生动物 129 种，国家一级保护野生动物 38 种（其中鸟类 28 种），包括丹顶鹤、白头鹤、白鹤、东方白鹳、黑鹳、中华秋沙鸭、麋鹿等，国家二级保护野生动物 91 种（其中鸟类 80 种），有 17 个物种被列入《世界自然保护联盟濒危物种红色名录》。每年 10 月底至翌年 2 月，有 400 ~ 600 只野生丹顶鹤在这里越冬。每年有 2000 多万只候鸟迁飞经过保护区，有近百万只水禽在保护区内越冬，素来享有东部沿海"国家重要湿地基因库"之称。

社会公益参与自然保护区科普基地运营，探索社会化参与保护地管理的"东滩模式"

 案例信息

申报单位：上海市崇明东滩自然保护区管理事务中心

案例所在单位：上海崇明东滩鸟类国家级自然保护区

CEPA 类型： 能力建设、教育、公众参与

其他类型：社会化参与自然保护区场域运营模式探索

案例覆盖范围：场域

开始时间：2018 年

专家推荐意见

上海市崇明东滩自然保护区管理事务中心通过与社会保护机构的合作，创新了科普教育方式，提升了公众的湿地保护意识。三方合作模式不仅推动了上海市崇明东滩自然保护区的自然教育发展和社会影响力提升，也为社会化参与湿地保护提供了宝贵经验，是世界自然遗产保护与社区发展的成功案例。

▲ 案例亮点

　　上海市崇明东滩自然保护区管理事务中心（以下简称"东滩管理中心"）与阿拉善 SEE 东海项目中心、红树林基金会（MCF）以科普教育基地为载体，联合运营上海市崇明东滩自然保护区（以下简称"东滩保护区"）湿地教育中心，创建社会化参与湿地教育活动的"东滩模式"，以提升东滩保护区的科普教育工作水平和社会影响力。

▲ 案例背景

　　2018 年，东滩管理中心与阿拉善 SEE 东海项目中心签订合作备忘录，共同推动东滩保护区在社区和科普教育基地开展自然教育工作。2020—2021 年，阿拉善 SEE 东海项目中心与红树林基金会（MCF）达成合作，共同协助东滩保护区开展科普教育基地的教育规划、解说方案、人员培训等工作。

　　2021 年底，东滩管理中心与阿拉善 SEE 东海项目中心、红树林基金会（MCF）合作管理运营科普教育基地，同时在湿地教育活动、社区合作等领域开展合作，联合打造社会参与自然保护地管理的"东滩模式"。

东滩管理中心与阿拉善 SEE 东海项目中心、红树林基金会（MCF）合作，通过共建场域、管理团队、制定运营制度，以及搭建湿地教育体系和社区教育体系，成功推动了湿地保护和教育工作。通过志愿者体系和社区参与活动，如"滨海社区观鸟生活节"，有效提升了公众环保意识和参与度。

1. 场域管理

东滩管理中心与社会组织共建场域，委托红树林基金会（MCF）对科普教育基地进行全面管理，包括完善管理制度、人员管理、现场保洁、活动接待、访客管理等。

（1）健全合作模式

充足、稳定的资金来源是场域运营的首要保障。东滩管理中心与阿拉善 SEE 东海项目中心、红树林基金会（MCF）经过多轮讨论沟通，确定了三方以"采购＋资助＋合作"的多元合作模式来共同运营场域，即东滩管理中心以政府采购的方式投入部分经费，阿拉善 SEE 东海项目中心通过项目资助方式投入部分经费，红树林基金会（MCF）以项目合作的方式投入管理人力和部分经费。三方充分发挥各自优势，确保科普教育基地的正常运行。

（2）共建管理团队

为了统筹各方资源，有效推进科普教育基地的运营工作，三方根据"共建共享，充分授权"的原则，筹建了一个由来自东滩管理中心、阿拉善 SEE 东海项目中心和红树林基金会（MCF）参与该项目的主要负责人组成的运营工作小组。其中，东滩管理中心、阿拉善 SEE 东海项目中心确定工作方向，并监督工作开展情况；红树林基金会（MCF）负责制订和实施工作计划，并进行工作总结、汇报。

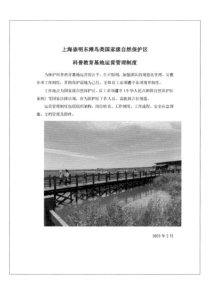

科普基地运营管理制度

（3）完善运营管理制度

为了高效地运营场域、科学地管理运营团队，工作小组制定了一系列制度，包括工作制度、绩效考核制度、文件管理制度，并规范了工作流程，促使科普教育基地的工作标准化、专业化，提高团队的自我管理能力以及工作效率。

（4）培养现场运营团队

根据基地发展规划、项目行动计划要求以及基地运行需求，工作小组编制了科普教育基地的现场运营团队岗位（场域经理、讲解员、接待专员、设备巡检员、安全巡检员、保

现场工作人员为访客提供讲解服务

洁员、司机、行政人事等）及其职责，并通过技能培训，将"一人一岗"制转变为"一人多岗"制。比如，工作小组对现场运营团队进行场域讲解培训和考核，力争人人具备面向公众开展讲解的能力，如此一来，在讲解需求多的节假日等，保洁、巡检员也能担任临时讲解员，分担讲解压力。

2. 湿地教育体系搭建

（1）课程体系

根据 2020 年制定的东滩保护区科普教育基地总体教育规划和以往工作经验，东滩管理中心联合红树林基金会（MCF）、阿拉善 SEE 东海项目中心、UNDP-GEF 迁飞保护网络项目办、自然之友·盖娅自然学校、小路自然教育中心、新生态工作室等研发了以东滩保护区周边社区、学校、企业等为主要对象的湿地教育方案和课程，积极调动社会力量参与东滩保护区的湿地教育课程体系构建。

学生体验海洋垃圾主题桌游

（2）志愿者体系

在红树林基金会（MCF）、阿拉善 SEE 东海项目中心的协助下，东滩保护区通过志愿者招募、培训、管理等一系列流程，搭建起了自己的志愿者体系。2023 年，东滩保护区招募了 60 多名志愿者。经过培训后，志愿者在科普教育基地开展展厅讲解、访客引导、安全巡护等服务工作，极大地强化了科普教育基地的社会服务功能。同时，东滩管理中心联合 SEE 东海项目中心发起清洁湿地项目，成立和培训"清洁湿地社区志愿者服务队"，发动学校、企业和社区志愿者开展海洋垃圾清理活动，一起用行动守护美丽东滩。

3. 社区教育体系

2022 年，东滩保护区被正式列入中国黄（渤）海候鸟栖息地（第二期）世界自然遗产提名地。基于自身丰富的生物多样性资源以及重要的生态价值，东滩保护区在阿拉善 SEE 东海项目中心、红树林基金会（MCF）的协助下，运营了富圩村自然教育中心，并打造了以社区参与为主的"滨海社区观鸟生活节"。

每年冬季候鸟季举办的"滨海社区观鸟生活节"已经成为崇明区的品牌活动

2022 年，"滨海社区观鸟生活节"吸引了 5 万余人次参与活动的前期预热，300 余人次参加线下活动，200 名专家全程参与研讨会，70 余支队伍参加社区观鸟邀请赛，30 家参展机构参与社区生活节，11 家滨海自然保护地应邀共同组织活动，8 家主流媒体主动关注并报道此次活动，活动影响线上线下近千万人次。从 2023 年起，"滨海社区观鸟生活节"从一个最初由社会组织主导转变为政府主导的活动，成为崇明的特色品牌活动。

过去两年，东滩管理中心与阿拉善 SEE 东海项目中心、红树林基金会（MCF）携手，全力运营科普教育基地，基本达成三方在合作之初提出的目标。

在遗产地申报方面，我们深入调研，整合资料，助力东滩保护区申报世界自然遗产地。在社区发展方面，打造的社区观鸟生活节，已成为上海崇明的品牌活动，增进社区与自然的和谐关系。

教育体系构建也成果显著，形成了东滩自然教育体系，自然教育课程覆盖了不同年龄段的公众。我们还着重提升团队实力，开展各类培训与实践活动，基地人员的专业素养和服务水平大幅提升。

此外，我们精确核算出基地运维费用，为申请资金提供依据，也为社会资金投入湿地教育项目开辟道路，有力推动了湿地保护与教育事业的可持续发展。未来，我们将继续深化合作，为东滩保护区发展贡献更多力量。

上海市崇明东滩自然保护区管理事务中心

上海市崇明东滩自然保护区管理事务中心的业务范围是上海崇明东滩鸟类国家级自然保护区和长江口中华鲟自然保护区的建设发展规划、自然资源调查监测、保护区巡护、栖息地管理以及科普宣传等。

上海崇明东滩鸟类国家级自然保护区处于长江入海口，是东亚—澳大利西亚候鸟迁飞路线的中段，是过境候鸟的重要停歇地、越冬候鸟的重要栖息地，于2022年被列入中国黄（渤）海候鸟栖息地（第二期）世界自然遗产提名地，于2024年被正式列入中国黄（渤）海候鸟栖息地（第二期）世界自然遗产地。

公民科学助力广西北部湾滨海湿地保护

 案例信息

申报单位：广西生物多样性研究和保护协会

案例所在单位：广西生物多样性研究和保护协会

CEPA 类型：传播及能力建设、教育、公众参与

案例覆盖范围：区域

开始时间：2014 年

专家推荐意见

广西生物多样性研究和保护协会（以下简称"美境自然"）通过公民科学项目，有效地提升了公众对北部湾滨海湿地及其关键物种鲎的保护意识。通过培养本土志愿者、倡导"不吃鲎"和生态赶海活动，以及发布监测报告，美境自然推动了多方合作，为生物多样性保护提供了有力的社会支持和科学依据，展现了社会化参与生态保护的积极作用。

▲ 案例亮点

在北部湾开展以鲎为代表的滨海湿地保护行动：构建公民科学培养体系，坚持培养本土志愿者 9 年，增强了广西本土的公众保护力量和保护意识；通过"不吃鲎"和生态赶海倡导，促进北部湾区域多方合作，共同保护鲎及其栖息的滨海湿地；整合公众监测结果，发布北部湾滨海湿地生物多样性公众监测报告，加入亚太鲎观测网络计划，共同扩大鲎的保护行动范围。

▲ 案例背景

北部湾位于中国南海的西北部，北邻广西沿岸，东邻雷州半岛和海南岛，西邻越南，南连南海，为天然的半封闭大型海湾，是中国乃至东南亚重要的海岸与海洋生物多样性热点地区，拥有多样的生态系统类型，为许多重要、濒危的海洋和沿海生物提供了关键栖息地。然而，作为中国新兴的沿海经济开发区和东盟经济开发区，北部湾的生态环境和生物多样性面临的由经济和工业发展带来的压力也日益增加。

鲎是一种古老的海洋节肢动物，也是重要的滨海湿地栖息物种。在 20 世纪 70 年代以前，鲎在沿海滩涂上随处可见，但随着经济的发展，近 30 年来鲎种群发生了严重衰退。广西北部湾地区是鲎重要的栖息地之一。了解和掌握北部湾鲎的种群数量、分布情况、生存环境及其所面临的威胁等基础数据，可以更好地指导我们制定科学、有效的保护方案。因此，美境自然公民科学团队从 2014 年开始，便在北部湾潮间带开展鲎种群监测工作。

　　美境自然一直致力于探索以公民科学的方式动员和培养志愿者，针对北部湾地区重要滨海湿地开展关键物种及其栖息地和相关威胁因素的监测与评估，并据此推动多方参与，采取适应性的保护行动，协同应对威胁。

　　从 2014 年起，美境自然以鲎为旗舰物种探索公民科学的保护路径，连续 9 年于每年夏季招募志愿者，在与科研人员合作制定科学调查方案并开展物种识别等相关专业技能培训的基础上，组织开展北部湾滨海夏季鲎等底栖生物监测和威胁因素调查，识别出 9 个鲎关键栖息地，填补了北部湾鲎民间保护的空白，扩大了社会对鲎及其栖息环境保护的关注度；还培养了一批广西在地保护志愿者，从而在理论和实践层面上支持了"公民科学"这一方法在本土的探索。

　　同时，针对目前鲎所面临的生存威胁，开展了一系列保护行动：北部湾滨海湿地幼鲎等底栖生物监测和威胁因素监测；联动管理部门、社区、商家等多方开展生态赶海活动；"不吃鲎"消费公众倡导等。活动范围覆盖北部湾典型滨海湿地区域，尤其是鲎的主要栖息地和周边社区。

1. 以公民科学的方式开展北部湾鲎种群调查，并发起保护行动

　　自 2014 年起，美境自然每年组织志愿者，开展一次北部湾滨海湿地科考行，针对北部湾区域（含广西、广东、海南）的鲎等底栖生物及其栖息地开展年度监测和保护行动。截至目前，已识别出北部湾 9 个关键的鲎栖息地。同时，与广东、海南两省的鲎保护机构合作，开展了 5 个市（北海、钦州、防城港、湛江、儋州）共 9 个监测点的同步监测工作，覆盖范围约 1.1 万公顷，累计记录到超过 1000 只鲎和超过 390 种底栖生物，发布了 2 份北部湾滨海湿地生物多样性公众监测报告，填补了北部湾民间鲎保护和研究的空白。

　　北部湾滨海湿地科考行还积极发挥多方联动的平台作用，通过相关政府管理部门、科研机构、媒体、企业等多方的支持与合作，推动公众参与，提高了社会对鲎和滨海湿地保护的关注度。目前，北部湾滨海湿地科考行已形成公益活动品牌效应，志愿者报名人数逐

2023 年北部湾滨海湿地科考行合照（Pie 供）

2023 年北部湾科考行队员在准备拉调查样方

队员雨中调查（Pie 供）

年增加，鲎保护也逐渐成为北部湾社会各界的共识。

美境自然还成立了"公民科学家计划"，以年为周期，对志愿者进行技能培训，组织其参与调查实践，并支持志愿者开展宣传活动等，培养了一批长期关注滨海湿地生物的本土志愿者，为北部湾鲎和滨海保护奠定了公众基础。同时，美境自然及时总结和分享行动经验、培训体系等，从理论到实践支持"公民科学"的本土化探索。

2. 多方联动，共同开展以"鲨保护"为主题的公众宣传倡导

（1）不吃鲨消费倡导

沿海城市餐饮行业消费是成年中国鲨数量持续减少的重要原因之一。在相关管理部门支持下，美境自然以餐饮业为突破口，于2016年发起国内第一个针对特定行业解决中国鲨过度利用问题的多方参与保护行动——"不吃鲨消费倡导"。美境自然联合北海市工商和渔业部门，为多家"不吃鲨"海鲜餐厅挂牌；同时，组织志愿者对北海旅游景区附近的餐厅工作人员及游客进行海洋保护和鲨知识宣传。2018年，结合北海市创建国家全域旅游示范区的政府工作目标，多方进一步合作，继续推动旅游业加入"不吃鲨消费倡导"行动，通过旅游部门及相关企业向游客发起"文明旅游，拒绝鲨消费"的倡议，同时回访已挂牌餐厅，促进执法管理。截至2019年，承诺不吃鲨的在地海鲜餐厅总数已超过了110家，有效杜绝了中国鲨在北海当地的公开售卖现象，推动了这一物种的在地保护。在广泛的宣传下，群众保护意识提高，对违法鲨消费或捕猎行为的主动举报数量增加。该行动使广西餐饮业减少了近万只成年中国鲨的消费。此后，"不吃鲨消费倡导"行动从广西，扩展到福建、台湾、香港等地，

2018年不吃鲨消费倡导座谈会

影响范围不断扩大，促进了中国南方沿海对成年中国鲨的保护。

2021年12月，原本以中国鲨为保护对象的"不吃鲨消费倡导"升级为面向鲨、海龟、海马等海洋濒危野生动物保护的"海洋友好消费倡导行动"。美境自然与北海市生态环境局、北海市市场监督局、北海市海洋与渔业综合执法支队、北海市烹饪餐饮行业协会合作，共同制定了《海洋友好餐厅倡议》。

截至2022年，北海已经有180家海鲜餐厅进行"海洋友好消费倡导"宣传牌的挂牌。

（2）"爱鲨及栖"校园保护行动

2015年初，"爱鲨及栖"校园保护行动启动，并在广西北海地区的各学校开展，以提高本地青少年对鲨和滨海湿地保护的重要性的认识，使其成长为一名热爱自然、保护滨

海湿地的"鲎卫士"，并将鲎和滨海湿地保护的理念传播给其身边的成年人。该行动主要包括"鲎卫士"幼鲎养殖计划、环境教育活动、文艺创作比赛等。行动期间，结合世界海洋日、世界环境日、生物多样性国际日等环境节日，美境自然组织青少年开展了幼鲎生态放流与自然体验、鲎卫士总结分享会、幼鲎养殖工作坊、鲎卫士香港交流等活动。该行动直接影响 260 人，间接影响 26000 人，80% 参与者的海洋保育理念得到改变。如今，这些鲎卫士们已经成为一股保护鲎和滨海湿地的新生力量。

（3）生态赶海行动联合倡导

近年来，赶海活动越来越受游客喜爱。但由于公众对以鲎为代表的滨海底栖生物的生态价值仍然缺乏了解，其不科学的无序赶海行为使海岸线底栖生物及其栖息环境遭到破坏。同时，旅游发展和滨海湿地自然资源的可持续利用张力日渐加大，对滨海湿地的可持续发展构成严重威胁。自 2021 年起，美境自然在相关管理部门、自然保护区和社区的支持下，以北海城市中心区同时也是赶海热门区域——冯家江口和下村区域为保护行动示范点，开始推行"生态赶海公众倡导"，并于 2023 年 7 月北部湾滨海湿地科考行期间，针对游客

全民观鸟暨生态文化节——给公民科普水鸟和底栖生物知识

休闲赶海和本地渔村生计赶海行为开展了情况调查以及鲎放归劝导行动。基于调查结果，在 2023 年国庆节期间，美境自然在北海市林业和公安等相关管理部门以及北海滨海国家湿地公园管理处、下村社区、北海民间志愿者协会、北海银滩景区管理有限公司等 16 家单位、机构的指导与支持下，以北海候鸟和鲎为代表的滨海底栖生物保护为主题、以广西壮族自治区野生动植物保护月为契机，举办全民观鸟暨生态赶海文化活动启动仪式。在仪式上，下村社区赶海向导代表发布了生态赶海倡议。活动期间，美境自然组织志愿者，连续 5 天，设置 4 个宣教点，开展有关水鸟、鲎和其他底栖生物的普法宣传、知识讲解、科学生态赶海行为引导等。该活动影响 5000 多人次，引导游客放生在不合理赶海行为中所获底栖生物数十斤（1 斤 =500 克）。

3. 加入亚太鲎观测网络计划，扩大鲎的保护行动范围

2014 年，包括美境自然在内的来自中国大陆、香港、台湾地区的 22 家机构，40 多名学者、专家、自然保护区及民间团体代表，联合成立了"两岸三地鲎保育联盟"，并确定每年七夕节为"鲎保育日"，共同推动鲎及其栖息地的保护。

多年来，美境自然联合鲎保护及研究专家、学者开展鲎的监测和保护工作，并合作发表多篇鲎研究论文。这些研究成果填补了北部湾鲎研究的空白，同时也促进了《世界自然

2021 年亚太鲎观测网络计划广西启动会

保护联盟濒危物种红色名录》中中国鲎等级及作为国家二级保护野生动物的评定。2019年，美境自然受世界自然保护联盟鲎专家组委托，联合承办"第四届国际鲎科学与保护研讨会"。这是第一次在中国内地举办与鲎相关的大型国际研讨会。来自18个国家和地区的近150名专家、学者参与了该研讨会，共同探讨鲎的保护与资源可持续利用。超过8家媒体对本次研讨会进行了报道，影响了超过60万名公众。

2020年，美境自然成为世界自然保护联盟正式会员，于2021年加入亚太鲎观测网络计划。美境自然在鲎及其栖息地保护行动中所做出的努力和取得的成果，得到了国际认可。

美境自然公民科学行动，以及多方联动的工作方式和理念，是在开展北部湾滨海湿地保护的过程中慢慢形成的。在 2014 年开始滨海湿地保护议题的初期，滨海湿地面临的威胁问题众多，威胁成因错综复杂，而相关领域的研究还有待开展，社会对此问题的认知和关注度较低。如何在挖掘保护依据的同时，吸引更多力量参与保护行动，是美境自然当时所面临和亟待解决的问题。

为了让公众和合作方更多地参与保护行动，美境自然提出了"公众参与"监测的方案。但在实际开展"公众参与"监测工作时，该方式对公众来说，门槛较高，而使其参与度较低。为了降低参与门槛，提高参与度，美境自然开始了"公民科学"方法的探索，并逐步建立了公民科学家培养体系，通过设计相对简单但仍具备科学性的技术监测方案和培训，让更多志愿者直接参与监测和保护行动，亲身感受北部湾滨海湿地的变化，增强其对滨海湿地的情感纽带，加深公众对滨海湿地所面临的威胁的理解，从而加强保护北部湾滨海湿地的在地力量。

在对过往海洋问题和保护案例的梳理过程中，美境自然发现滨海问题的复杂性在于，在同一环境破坏事件中经常有来自不同方面的威胁因素，只有跨领域、跨机构的深入合作才能从根源上解决问题。据此，美境自然始终秉持多方参与的理念，通过设计可多途径参与的保护倡导活动，邀请政府部门、保护机构、科研单位、自然保护区、社区等共同参与北部湾滨海湿地的调研和保护行动。

美境自然 广西生物多样性研究和保护协会

　　广西生物多样性研究和保护协会，简称美境自然（BRC），于 2014 年 6 月 5 日注册成立，是一家在广西从事生物多样性保护的机构，由广西壮族自治区林业局主管，致力于生物多样性保护和贫困缓解工作，特别关注生态脆弱区域。

入围
案例

小书屋大智慧:
鄱阳湖湿地教育场地建设,丰富乡村社区自然教育活动

▲ 案例信息

申报单位：保护国际基金会（美国）北京代表处

案例所在单位：都昌县多宝乡马影湖大雁保护协会、余干县康山中心小学

CEPA 类型：教育

案例覆盖范围：区域

开始时间：2020 年

▲ 专家推荐意见

项目打造的两个乡村社区书屋均以鄱阳湖湿地的生态元素为主题，具有地方特色。通过活动开展，让当地居民了解更多关于家乡的湿地生态知识，是社区居民和学生看世界的一扇窗，也是社会资源进入社区，推动社区发展的一座桥梁。该案例是社会多元化参与社区建设的卓有成效的实践。

2019 年起，保护国际基金会（美国）北京代表处（以下简称"保护国际"）启动了"鄱阳湖淡水健康与湿地保护项目"，在九江市都昌县多宝乡和上饶市余干县康山社区建立了 2 个社区示范点，开展鄱阳湖湿地自然保护地网络能力建设及鄱阳湖区湿地自然教育等工作。

2020 年，保护国际联合都昌县候鸟自然保护区管理局，与都昌县多宝乡马影湖大雁保护协会合作，将樟树许村内最古老的民居改造成江西省首个以候鸟保护为主题的农家书屋——"候鸟书屋"。书屋内设图书馆、候鸟主题展厅、教学活动空间和科普互动装置，还专门为"候鸟书屋"编写、开展了"夜观小剧场""走，观鸟去""湿地是谁的家"等乡土自然教育课程，为社区形成以观鸟自然教育为主体的发展模式打下了良好基础。在多方支持下，候鸟书屋还成了村民的电影院、议事厅、休息室、小花园以及赛得利等企业志愿者的服务基地，成为社区内外了解当地湿地、候鸟和传统文化的窗口。

2023 年，保护国际支持余干县康山中心小学合作在校内设立"鸿鹄书屋"，举办了以鄱阳湖湿地、长江江豚、鸟类等为主题的宣传和教育活动，支持师生们排演了《谁是鄱阳湖最值得被保护的鸟？》自然情景短剧，加深了学生及公众对湿地生态的理解，成为公众了解自然、参与保护活动的窗口。

两个自然书屋分别在社区、学校内发挥了重要作用，不仅是多功能的公共活动空间、社会参与保护和社区共建的重要平台，也是开展湿地宣传、自然教育、文化推广、社区培训、村民议事等活动的重要载体。它们不仅提升了当地居民的环保意识，也为社区的可持续发展和生态保护开辟了新的道路。2024 年，都昌县多宝乡"候鸟书屋"和余干县康山乡"鸿鹄书屋"双双入选中国林学会首批全国"自然书屋"。

余干县康山中心小学的学生在鸿鹄书屋前表演自然情景剧

单位简介

保护国际基金会（Conservation International, CI）

　　保护国际基金会（Conservation International, CI）成立于 1987 年，总部位于美国弗吉尼亚州阿灵顿，在全球近 30 个国家和地区设有办公室，全球网络覆盖数千个合作伙伴，致力于优先保障大自然为人类带来的关键福祉。通过科学、金融、政策创新与野外示范相结合，帮助并支持了 70 多个国家保护超过 600 万平方千米的土地、海洋和沿海地区。2002 年，保护国际基金会开始进入中国开展生物多样性保护工作和探索基于自然的气候解决方案，主要包括森林生态系统保护和修复、淡水湿地生态系统保护和修复、公海保护地建设、红树林海草床等滨海湿地生态系统保护与修复、海洋生物多样性保护、保护地周边乡村社区可持续发展等。2017 年，保护国际基金会成为首批在北京注册了境外非政府组织代表处的机构。

都昌县多宝乡马影湖大雁保护协会

都昌县多宝乡马影湖大雁保护协会是由都昌县候鸟自然保护区管理局发动当地社区中志愿从事爱鸟护鸟工作的群众，于 2014 年成立的民间保护组织，现有会员 50 余名。协会成立以来，始终围绕"同在蓝天下，人鸟共家园"的工作目标，充分发挥广大湖区群众热爱生态、建设家园的积极性和主动性，全力配合林业等主管部门开展候鸟保护宣传、巡护、救助、湖区整治等工作，使多宝片区的湿地候鸟保护彰显出良好的生态效益和社会效益。

余干县康山中心小学

余干县康山中心小学于 1946 年创立，是康山乡第一所公立小学，现有师生 450 余人。因康山乡地处鄱阳湖之滨，素有"鱼米之乡""候鸟天堂"的美誉，学校将"湖山文化"作为校园文化，以"怀湖山情、立鸿鹄志、做追梦人"为校训，致力于"自然教育"这一办学特色的实践和探索，让"人与自然和谐相处"的理念在学生心里生根发芽。

国际红树林志愿者学院项目:
助力国际红树林中心建设,守护深圳湾湿地

▲ 案例信息

申报单位: 红树林基金会（MCF）

案例所在单位: 红树林基金会（MCF）

CEPA 类型: 能力建设、教育、公众参与

案例覆盖范围: 区域

开始时间: 2012 年

▲ 专家推荐意见

国际红树林志愿者学院项目立足深入提供公众科普服务，还通过参与公民科学、生态修复等项目，直接为红树林提供保育服务，实现了生态保护和自然教育的双重社会价值，展示了深圳志愿力量为全球红树林保护和生态治理作出的示范和贡献。项目扎根深圳，辐射全国，延伸至东亚—澳大利西亚国际迁飞网络，在自然教育、湿地保护、志愿者运营等维度具有示范作用。

国际红树林志愿者服务项目自 2012 年启动以来，已在生态保护和自然教育方面取得了显著成效。该项目通过与深圳市相关部门合作，依托红树林基金会（MCF）托管和运营福田红树林生态公园、福田红树林国家级自然保护区和深圳湾公园自然教育中心，设计了系统化的自然教育课程体系，为公众提供丰富的教育活动。

近 3 年，该项目为 87314 人次提供了专业志愿服务。2023 年，共有 368 名志愿者参与服务，服务时超过约 13100 小时。深圳市红树林湿地保护基金会志愿者服务队自 2015 年 12 月注册以来，累计有 1399 名志愿者参与，志愿服务参与达 20306 人次，累计志愿服务时长 53489 小时，发布志愿服务项目 168 项，该项目获第六届中国青年志愿服务公益创业赛银奖，福田红树林生态公园入选全球第一批 WLI 星级湿地教育中心。

该项目通过教育、传播、意识提升、参与和能力建设等多方面的努力，提升了公众对红树林湿地保护的意识和参与度。教育方面，组织定点观鸟导览活动和开设相关课程，提供系统的湿地教育。传播方面，举办大型主题日活动，如水獭节和琵鹭节，提升公众对生态保护的关注。意识提升方面，通过红树林科普展厅等展示内容，提供深入浅出的学习体验。参与方面，围绕五大环境议题，设计公众科学及生态修复项目，直接为红树林提供保育服务。能力建设方面，探索"1+4+10+N"自运营模式，为志愿者赋能，实现项目可持续发展。

国际红树林志愿者学院项目学院的志愿者们活跃在生态保护和湿地教育的第一线，服务广受访客和社会各界欢迎。国际红树林志愿者学院项目在专业湿地保护支持团队、湿地教育内容设计、多语言解说服务、国际交流与传播以及运营模式推广等方面，均体现了其创新性和专业性。同时，该项目在湿地教育行业中具有示范性意义，通过中国湿地教育中心行动计划等平台，推广湿地保护和自然解说的经验。

学校开展红树林湿地课程

2023 年志愿者年会活动，邀请志愿者的
家庭一起来参加见证

 红树林基金会（MCF）

　　红树林基金会（MCF）2012 年 7 月在深圳市民政局注册成立，深圳市 AAAAA 级公募基金会。

　　基金会致力于湿地及其生物多样性保护工作，推动社会化参与的湿地保育和教育模式，以实现"人与湿地，生生不息"的美好愿景。目前专注于以下核心工作领域：绿色湾区、候鸟迁飞通道保护、红树林保护，以及 CEPA 湿地教育。

用自然教育支持乡村振兴，
实现绿美广东

▲▲ 案例信息

申报单位：广东珠海淇澳—担杆岛省级自然保护区管理局

案例所在单位：广东珠海淇澳—担杆岛省级自然保护区

CEPA 类型：教育、参与及意识提升

案例覆盖范围：区域

开始时间：2004 年

▲▲ 专家推荐意见

淇澳—担杆岛保护区充分利用区域资源，开展生物多样性保护和湿地教育工作，不仅促进了保护区的保护和教育工作的发展，还积极调动社区力量，提高社区的生物多样性保护意识和技能，推动社区发展。其"自然教育＋社区共建"模式为开展相关工作提供了参考。

广东珠海淇澳—担杆岛省级自然保护区（以下简称"淇澳—担杆岛保护区"）位于粤港澳大湾区中心，涵盖森林、海洋、湿地三大生态系统，既拥有重要的红树林生态系统，又是全球候鸟迁徙区的重要组成部分。近5年，淇澳—担杆岛保护区围绕自然学校和社区科普学堂，开展湿地教育工作，接待访客超百万人次，开展自然教育课程活动约420场，约惠及3.4万名公众。

淇澳—担杆岛保护区积极开展红树林生态修复工作，所辖的红树林面积从1998年的32公顷增至2024年的近500公顷，为粤港澳大湾区奠定了良好的生态基础。通过生态修复项目，淇澳—担杆岛保护区的湿地生态功能得到了进一步提升，每年吸引数万只候鸟前来越冬，特别是对黑脸琵鹭、小灵猫等物种开展的保护工作成效显著。

淇澳—担杆岛保护区积极开展湿地教育工作，研发湿地教育课程、完善科普设施、建设自然教育团队、制定工作规范等，荣获"自然教育学校（基地）"等荣誉称号，每年接待访客约30万人次，相关课程、活动惠及约1万人次，成为珠海市乃至粤港澳大湾区的一张生态名片。

淇澳—担杆岛保护区努力探索"自然教育＋社区共建"模式，扶持社区科普产业发展，带动社区科普学堂运行，将湿地教育从自然保护区辐射到社区，促进乡村振兴。通过与社会力量合作，淇澳—担杆岛保护区通过举办粤港澳自然保护地座谈会等一系列交流活动，搭建区域湿地教育合作平台，提升湿地教育水平，提升市民体验感，取得自然保护事业发展与乡村振兴双赢的局面。

观鸟课程活动

淇澳岛社区科普学堂深受公众喜爱

广东珠海淇澳—担杆岛省级自然保护区

　　广东珠海淇澳—担杆岛省级自然保护区于 2004 年经广东省政府批准成立。其湿地教育工作主要依托淇澳红树林片区开展。保护区总面积约 7373.77 公顷，涵盖森林、海洋、湿地三大生态系统，其中，红树林湿地面积 500 公顷，每年秋冬季节有数万只候鸟在此越冬。保护区有小灵猫、猕猴、黑脸琵鹭、白腹海雕、罗汉松等 60 种国家重点保护野生动植物，是珠海市乃至粤港澳大湾区重要的"生态名片"，同时也是开展自然教育的理想场所。

社区共建湿地保护和科普行动,促进公众对湿地价值以及重要性认知

▲ 案例信息

申报单位: 合肥市善水环境保护发展中心

案例所在单位: 合肥市善水环境保护发展中心

CEPA 类型: 教育、参与及意识提升

案例覆盖范围: 地区

开始时间: 2021 年

▲ 专家推荐意见

合肥市善水环境保护发展中心的湿地保护项目通过社区参与和教育活动,有效提升了公众对湿地价值的认识。项目分阶段实施,从建立巡护队到优化巡护机制,再到提升巡护员专业能力,不仅充分调动了社区力量,还有效地吸引了公众参与,逐步增强了社区的保护意识。编制的手册和指南为其他地区提供了宝贵经验,推动了湿地保护的可持续发展。

安徽省湿地资源丰富，同时湿地生态破坏和污染的风险也较大。合肥市善水环境保护发展中心（以下简称"善水环保"）通过社区参与和教育活动，推动湿地保护的创新模式。2021年3月至2023年12月，在合肥市林业和园林局和阿拉善SEE基金会的支持下，善水环保与多个社区和湿地公园合作，招募并培训社区巡护员和湿地导赏员，开展湿地保护和科普教育活动。

第一阶段，善水环保与安徽庐阳董铺国家湿地公园合作，建立社区协助巡护队，进行能力建设培训和定期巡护，显著提升了湿地保护效果。第二阶段，扩展到更多社区，组建巡护队，减少人为活动对湿地生态的干扰。第三阶段，进一步优化巡护机制，提升巡护员专业能力，同时在社区内建立湿地科普驿站，培育社区湿地导赏员，联合社区开展湿地主题活动，提升居民对湿地价值的认知。此外，善水环保梳理以往活动经验，编制了《自然观察节操作手册》《社区湿地科普驿站创建指南》《湿地社区协助巡护手册》《社区湿地协助巡护指引手册》等，为其他地区开展相关活动提供了参考。

这些行动，不仅提高了社区对湿地保护的参与度，还促进了湿地教育机制的建立，提升了公众的湿地保护意识，也为湿地保护和教育行动的持续开展奠定了基础，形成了以社区为核心的湿地保护和科普行动模式。

社区湿地科普主题活动现场

社区湿地导赏员组织社区亲子家庭参与湿地导赏活动

合肥市善水环境保护发展中心

　　合肥市善水环境保护发展中心于 2014 年 7 月登记注册成立，是合肥市首家民政注册的本土环保组织，致力于赋能公众参与生态环境保护，主要通过专题调查行动推动河流生态环境问题改善、设计并开展社区参与湿地保护和教育行动，助力河湖湿地生境保护和恢复。2020 年 12 月，被合肥市民政局评为 AAAAA 级社会组织。

全力打造野鸭湖国际重要湿地教育主题课堂

▲▲ 案例信息

申报单位：北京市延庆区自然保护地管理处

案例所在单位：北京市延庆区自然保护地管理处

CEPA 类型：教育、参与及意识提升

案例覆盖范围：场域

开始时间：2021 年

▲▲ 专家推荐意见

　　北京野鸭湖湿地自然保护区的教育工作展现了其在生态保护和公众教育方面的卓越努力。通过创新的互动式教学和多样化的活动，其成功地将湿地保护的重要性传递给了公众，不仅提高了公众的环保意识，还促进了湿地保护的普及和持续发展。此外，其与外部机构和学校的合作进一步扩大了教育活动的影响力，为湿地保护工作注入了新的活力。北京野鸭湖湿地自然保护区在特殊群体教育方面的关注，显示了其包容性和对教育公平的承诺。这些举措为其他自然保护区提供了宝贵的经验和模式借鉴。

北京野鸭湖湿地自然保护区（以下简称"野鸭湖湿地保护区"）是北京地区面积最大、湿地类型最多、以保护鸟类为重点的湿地自然保护区。2023年，北京野鸭湖湿地成功入选《国际重要湿地名录》，成为北京市首个且唯一一个国际重要湿地，主要开展科研监测、宣传教育、生态旅游工作。北京市延庆区自然保护地管理处利用野鸭湖国际重要湿地的丰富资源，开展了一系列湿地教育工作，如建设青少年自然观察站、设计最佳观鸟路线、配置湿地宣教解说牌、研发自然教育系列课程、编写《野鸭湖畔"认"鸟飞》书籍等。

野鸭湖湿地保护区全力打造湿地教育主题课堂，主要开展湿地观鸟、自然物手工创作、芦苇画创作、湿地自然笔记创作、毕业季、湿地夏令营等丰富多彩的湿地教育活动。为扩大受教群体范围，野鸭湖湿地保护区还开展移动的"湿地教育主题课堂"，如走进民宿、公园、乡村、园艺驿站等地开展湿地教育活动，也为特殊人群（残疾人、特殊教育儿童和学生）开展特别设计的湿地教育活动，野鸭湖国际重要湿地教育主题课堂注重学生的参与度和实践性，采用互动式、体验式的教学方式，具有独特性、创新性、可推广性和可持续性。湿地教育的开展不仅提升了公众对湿地及其重要性的认识，更加促进了湿地保护和教育的普及。

野鸭湖湿地保护区积极与外部机构和学校合作，共同开展湿地教育活动，扩大了湿地教育的范围，丰富湿地教育的形式。2021—2023年，野鸭湖湿地保护区开展了150余场次的湿地自然教育活动，参与人数达2万余人次，并成功举办了首届"京津冀晋生态旅游观鸟季"系列活动，反响强烈。这些举措不仅提升了公众的生态保护意识，也为湿地保护和教育行动的持续开展奠定了基础。

野鸭湖湿地教育主题课堂走进精品民宿（自然教育管理中心）

野鸭湖湿地观鸟活动（自然教育管理中心）

北京市延庆区自然保护地管理处

北京市延庆区自然保护地管理处，挂"北京延庆世界地质公园管理处"牌子，是延庆区人民政府所属公益一类事业单位，负责统筹延庆区自然保护区、风景名胜区、森林公园、地质公园、湿地公园的建设管理，生态资源调查、巡护、研究、监测，野生动植物保护救助，世界地质公园品牌建设，生态旅游和生态体验项目监管，科普教育和对外宣传等工作。

大美湿地和谐共生:
依托湿地资源, 促进幼儿湿地保护意识

▲ 案例信息

申报单位: 武汉市江汉区启慧幼儿园

案例所在单位: 武汉市江汉区启慧幼儿园

CEPA 类型: 教育

案例覆盖范围: 场域

开始时间: 2021 年

▲ 专家推荐意见

武汉市江汉区启慧幼儿园充分利用武汉市湿地资源，创新性地将环境教育融入幼儿教育中。通过实践活动和亲子互动，其不仅培养了孩子们对自然的好奇心和观察力，还加强了家庭与自然的联系。特色区域的设置让孩子们在创作中体验自然之美，有效提升了他们的生态保护意识。其与菱角湖公园的合作进一步丰富了教育内容，为孩子们提供了实践生态道德教育的场所，促进了人与自然的和谐共生。武汉市江汉区启慧幼儿园的这些努力，为湿地保护教育树立了典范。

武汉市湿地具有丰富性、完整性、独特性和典型性的特点，开展湿地生态旅游具有极大的资源优势。武汉市江汉区启慧幼儿园（以下简称"启慧幼儿园"）结合此地理位置优势，大力开展学前年龄段幼儿环境教育。

启慧幼儿园以儿童为本，通过社会实践和湿地区域游戏，将湿地文化融入教育环境，促进幼儿全面发展。教师引导幼儿探索湿地资源，开展自然教育活动，如自然探秘、自然生存和自然收藏家等，培养幼儿的观察能力和环保意识。同时，启慧幼儿园与家长合作，开展亲子活动，增强家庭与自然的联系，提升幼儿的情感和认知发展。

幼儿园内还设有湿地画艺坊、湿地探索区等特色区域，孩子们通过收集自然材料进行创作，体验自然之美。启慧幼儿园通过这些活动，不仅提升了幼儿的生态保护意识，也为湿地保护和教育行动的持续开展奠定了基础，形成了以社区为核心的湿地保护和科普行动模式。

2021年，启慧幼儿园成功创建"国际生态学校"。2023年，启慧幼儿园与菱角湖公园签订共建协议，将菱角湖公园作为该幼儿园"生态湿地"研学基地，为启慧幼儿园开展生态道德教育活动、实践活动提供场域。这些活动不仅丰富了幼儿的自然体验，也提升了他们的环保意识和生态保护意识，促进了人与自然的和谐共生。

2023 年 3 月 9 日，在菱角湖公园开展的研学活动中，幼儿根据调查表内容寻找需要的落叶进行对比和分析

幼儿观察微型湿地环境内的生物

武汉市江汉区启慧幼儿园

　　武汉市江汉区启慧幼儿园毗邻菱角湖公园，高度重视学前儿童生态文明教育，聚焦"厉行节约、反对浪费"主题教育，拓展多元形式的垃圾分类教育，逐步建立起生活垃圾分类知识教育的生态文明教育长效机制，形成了一套系统性、标准化的推动精细化垃圾分类的教育体系，先后荣获"垃圾分类学校""无废校园""全国足球特色幼儿园""武汉市市级示范园"等荣誉称号。

美丽东湖，我们是行动者:
华侨城小学湿地教育十年探索之路

▲▲ 案例信息

申报单位：武汉市东湖生态旅游风景区华侨城小学

案例所在单位：武汉市东湖生态旅游风景区华侨城小学

CEPA 类型：教育

案例覆盖范围：场域

开始时间：2014 年

▲▲ 专家推荐意见

武汉市东湖生态旅游风景区华侨城小学通过将生态文明教育融入校园文化和课程体系，有效地提升了师生的环境保护意识。其利用东湖湿地资源，开发了具有特色的实践活动，不仅增强了学生的实践能力，也促进了学生对生态环境保护的认识。这些努力，不仅丰富了生态文化内涵，还为学生营造了一个绿色、人文的学习环境，其在生态文明教育方面的成就也得到了社会各界的广泛认可。

武汉市东湖生态旅游风景区华侨城小学（以下简称"华侨城小学"）以"生态文明教育"为办学特色，培养师生的环境保护意识。华侨城小学利用东湖湿地资源，开发了特色实践活动，提升学生的生态环境保护意识，增强师资软实力，丰富生态文化内涵。

在校园文化方面，华侨城小学倡导绿色人文学习环境，建设生态节能校园，学生利用废旧物品制作展品，校园内图书馆、文化墙、绿植花卉随处可见。华侨城小学还建立了"东湖生态文明教育馆"和"华阳湖"社会实践活动基地，为学生提供实践学习的平台。

在课程方面，华侨城小学通过专题培训、学科融合、研发教材等方式，将湿地保护教育纳入学科教学中，构建生态课程体系。例如，语文课程中整合东湖湿地资源，开展读写活动；科学课程中探究湿地生态系统。

此外，华侨城小学还开展了"小湖长"行动，成立学生巡湖队，定期巡湖检测水质，关注生物生存情况，记录湿地生态系统；开展了"绿色低碳"行动，推广垃圾分类知识，实施节水改造，举行低碳环保活动。

依托东湖湿地，华侨城小学构建了学校的生态文明教育体系，荣获"全国低碳学校""全国无废学校""湖北省绿色学校"等荣誉称号。

同学们在东湖湿地巡湖过程中进行水质检测

武汉市东湖生态旅游风景区华侨城小学

武汉市东湖生态旅游风景区华侨城小学，是一所位于武汉市的国家AAAAA级生态旅游风景区东湖北岸的优质公办学校。依托得天独厚的东湖湿地环境，其以"生态东湖"为切入点，确立"生态文明教育"办学特色，以学生发展为根本，以人与自然和谐共存为主线，构建了理念、课程、活动、科研、阵地"五位一体"的生态文明教育体系。

"心至汉源 体行水远"校本课程:
因地制宜让每一名学生参与湿地保护实践

案例信息

申报单位：武汉市江汉区大兴路小学

案例所在单位：武汉市江汉区大兴路小学

CEPA 类型：教育

案例覆盖范围：场域

开始时间：2012 年

专家推荐意见

武汉市汉江区大兴路小学通过"心至汉源 体行水远"课程，巧妙融合湿地教育与汉江文化，培养学生的环保意识与探究能力，成为教育创新与实践的典范。

武汉市江汉区大兴路小学（以下简称"大兴路小学"）以"以'绿'育人 润泽生命"为办学理念，致力于湿地生态环境教育超过 30 年，积累了丰富的湿地教育经验。在新的 CEPA 方法指引下，学校与专业机构合作，历时 2 年研发了"心至汉源 体行水远"汉江文化特色校本课程，以提升学生的湿地保护意识。

"心至汉源 体行水远"分为"汉江的源头""汉江的尽头""汉江的动物""汉江的植物""汉江的生态""汉江的文化""汉江的水情""汉江的保护"8 个课程，供 3～6 年级学生使用。该课程从汉江发展历史、文化到汉江生态环境、生物多样性及保护，注重将学生的学习与日常生活有机联系，通过开放式互动问题，鼓励学生开展实地调研等形式的探究性学习，以培养学生认识、分析和解决湿地问题的综合能力和社会责任感。

该课程设计独特，创新性强，具有在地性、可持续性和可推广性，可向汉江流域其他学校进行推广。

与湿地科普馆共建

《心至汉源　体行水远》读本

武汉市江汉区大兴路小学

　　武汉市江汉区大兴路小学是一所具有悠久历史的学校，始建于 1947 年。学校以其前瞻性的教育理念，率先在全区实施了"一校两点、南北办学"的模式，先后成立了新华家园校区、金色雅园校区，曾获得联合国环境教育"全球 500 佳"、全国创建绿色学校活动先进学校、武汉市示范学校等多项荣誉。

滇池湿地生物多样性公众教育项目

▲ 案例信息

申报单位：云南滇池保护治理基金会

案例所在单位：云南滇池保护治理基金会

CEPA 类型：教育

案例覆盖范围：场域

开始时间：2008 年

▲ 专家推荐意见

滇池湿地生物多样性公众教育项目通过丰富多样的活动，有效提升了公众的环保意识和参与度，为湿地保护和生物多样性教育树立了典范。该项目的成功实施，不仅促进了滇池生态的改善，也为社区和学校提供了宝贵的教育资源，展现了教育与环保相结合的巨大潜力。

云南滇池周边湿地有着丰富的生物多样性教育资源。云南滇池保护治理基金会发起"滇池湿地生物多样性公众教育项目"，通过多种多样的湿地教育活动，向公众展示滇池湿地生物多样性，以提升公众对湿地生物多样性保护的意识，鼓励公众参与滇池生态环境保护工作。

该项目通过自然观察、河道净滩、观鸟等活动，推动湿地教育走进学校和社区。

湿地生物多样性公众教育：面向青少年和亲子家庭，通过研学活动让参与者亲近自然，了解湿地知识，提升保护意识。活动包括自然导师介绍、游戏互动、观察笔记等。

滇池周边湿地、河道桨板净滩：组织亲子家庭和成人捡拾滇池湿地垃圾，了解垃圾分类知识，建立、提升环保意识。

湿地科普进校园、进社区、进企业：通过课堂展示、展板讲解、科普场馆参观等方式，向青少年普及滇池保护治理和生物多样性知识。

培养湿地自然导师：通过开展自然导师培训、制作滇池湿地生物多样性自然观察与体验手册等，培养湿地自然导师，开展科普活动。

组织观鸟活动：通过举办环滇池观鸟节、调查滇池鸟类等，推动鸟类保护行动。

该项目每年组织的研学活动不少于 20 场，影响 1500 余人次；净滩活动不少于 10 次，覆盖 500 余人；科普活动不少于 10 场，接待 5000 余人；观鸟活动 10 余场，覆盖 500 余人次。通过这些活动，该项目有效地传播了湿地保护理念，促进人与自然和谐共生。

湿地自然观察

志愿者利用桨板开展滇池净滩活动

云南滇池保护治理基金会

　　云南滇池保护治理基金会由云南省昆明市人民政府于 2008 年发起成立，旨在加快滇池的保护与治理进程，动员社会力量筹措资金。云南滇池保护治理基金会在云南省范围内募集滇池保护与治理资金，开展相关公益活动，资助项目的论证和实施，以及加强对募集资金的使用和管理。

横琴自然周:
自然共生,自在横琴

 案例信息

申报单位: 珠海大横琴琴建发展有限公司

案例所在单位: 横琴粤澳深度合作区城市规划和建设局

CEPA 类型: 传播

案例覆盖范围: 区域

开始时间: 2023 年

 专家推荐意见

"横琴自然周"作为一项创新的生态公益活动,成功促进了横琴与澳门的生态共建和文化交流,增强了两地居民的环保意识。活动内容丰富,参与度高,宣传广泛,有效提升了合作区的绿色形象,展现了"一国两制"下区域合作的新风貌。

横琴粤澳深度合作区（以下简称"横琴合作区"）是中国大陆与澳门之间深化合作的战略支点。为推动琴澳居民共建共享绿美合作区，横琴合作区推出全新公益活动——横琴自然周。"横琴自然周"是一项大型公益活动，旨在通过持续性的宣导和实践活动，促进琴澳的共建共融和人与自然的和谐共生。

2023年3月12日至26日，首届"横琴自然周"成功举办。其活动内容涵盖义务植树、自然教育、爱鸟护鸟等活动主题，有效吸引了广大琴澳居民的参与。

首届"横琴自然周"的活动特色包括以下几方面。

一是高度互动互融：与澳门市政署深入合作，从政府到公众均积极参与活动，增进了广东、澳门两地的互联互通。

二是活动内容丰富：利用横琴湿地公园，开展自然教育活动，展示横琴生物多样性，吸引公众参与。新建自然教育途径，设置科普主题，提供自然学习与体验场所。

三是参与人群广泛：针对不同人群，"横琴自然周"设计和举办了形式多样的活动，吸引了政府、学校、企业、社会公众的参与，覆盖人群广泛，参与人数近2万人。

四是矩阵式宣传：通过线上和线下宣传方式，20余家主流媒体对该活动进行了报道，活动浏览量达10万人次，提升了活动的社会影响力。

通过这些活动，"横琴自然周"不仅在生态保护与自然教育方面取得突破，更展现了横琴合作区在探索"一国两制"政治方针的实践，促进了琴澳居民共建共享绿美合作区。

横琴合作区在澳门绿化周期间，针对澳门公众开展了生态科普摊位

横琴自然周期间，针对澳门亲子家庭开展红树植物的科普活动

横琴粤澳深度合作区城市规划和建设局

横琴粤澳深度合作区城市规划和建设局隶属于横琴粤澳深度合作区执行委员会，负责合作区国土空间的规划、建设管理、生态保护和智慧城市建设等，以实现合作区的质量发展。

 珠海大横琴琴建发展有限公司

珠海大横琴集团有限公司下属的产业发展板块，是合作区公共资源文旅化运营专家，公司有空间运营、生态养护、景观建改三大核心业务，创造具有地域特色、人性化和充满活力的城市美好人居空间。

多种科普活动，
提升泉州学生湿地保护意识

 案例信息

申报单位：泉州市观鸟学会

案例所在单位：泉州市观鸟学会、泉州湾河口湿地省级自然保护区

CEPA 类型：教育

案例覆盖范围：场域

开始时间：2019 年

 专家推荐意见

泉州市观鸟学会与泉州湾河口湿地省级自然保护区的合作项目，通过丰富的宣教活动和实地体验，有效提升了公众尤其是学生对湿地保护的认识。该项目创新性地结合了媒体力量和多样化的互动体验，不仅扩大了科普教育的覆盖面，也增强了其可持续性，为生态文明建设作出积极贡献。

为了提升公众对湿地的了解，培养并提升公众的湿地保护意识和能力，泉州市观鸟学会与泉州湾河口湿地省级自然保护区合作，联合开展生态文明建设宣传活动项目，并在泉州湾河口湿地省级自然保护区内设计建设湿地宣教馆。

活动面向学生，通过生物多样性讲座、湿地宣教馆及湿地参观等环节，不仅让学生了解了湿地知识，还让学生在大自然中直接体验湿地之美，引发学生对湿地及其保护的关注。

自 2019 年发起以来，该项目已发布 400 场活动，招募到 1007 名志愿者，影响了超过 20 万人次的公众参与相关活动。此外，该项目还进入 100 多所学校开展科普讲座，受众达 8 万多人次，发放 20 万份科普材料。

该项目具有众多特点。独特的科普保护宣传力量：通过东南早报小记者团等平台，实现最大化社会效益传播。《东南早报》小记者团，在参加活动后撰写的观后感或生态日记，已在由泉州市教育局和《东南早报》联合主办的教育周刊上发布 25 个版次，有超 200 篇优秀作品被选登，传播量达 50 万人次。创新的湿地体验活动：课堂讲座与湿地参观、观鸟、自然笔记大赛、净滩等活动相结合，增强青少年的生态保护意识。较高的可推广性和可持续性：通过与政府部门、保护基金会、学校的合作与联系，建立科普培训基地，提升社会公益影响力，实现可持续发展。

公众参观泉州湾河口湿地展馆

小记者团湿地观鸟活动（崔琪艳）

泉州市观鸟学会

　　泉州市观鸟学会属泉州市一级学会，市级 AAAA 级学会。该学会是由野生鸟类研究、鸟类宣传、生态教育等方面的专业人士和观鸟爱好者组成的地方性、专业性、非营利性社会组织。该学会积极动员社会各界力量，通过广泛的宣传教育和科学普及性的观鸟等保护生态多样性方式，提高市民保护野生鸟类的意识，提高公众自然科学素养。

泉州湾河口湿地省级自然保护区

　　泉州湾河口湿地省级自然保护区以泉州湾河口为主体，涉及惠安县、洛江区、丰泽区、晋江市、石狮市等，总面积 7045 公顷。泉州湾河口湿地省级自然保护区主要保护对象是滩涂湿地、红树林及其自然生态系统，中华白海豚、中华鲟、黄嘴白鹭、黑嘴鸥等一系列国家重点保护野生动物和中日、中澳候鸟保护协定的鸟类。

进学校、进湿地,"双进"活动

▲ 案例信息

申报单位:江苏盐城国家级珍禽自然保护区管理处

案例所在单位:江苏盐城湿地珍禽国家级自然保护区

CEPA 类型:教育

案例覆盖范围:区域

开始时间:2019 年

▲ 专家推荐意见

江苏盐城国家级珍禽自然保护区管理处的"双进"活动是湿地教育与学校教育结合的典范。江苏盐城国家级珍禽自然保护区通过编写科普手册、举办教师培训、开展知识竞赛等多元方式,有效地提升了师生的湿地保护意识和教育水平。同时,通过建设生态基础设施和开发科普课程,增强了青少年的生态体验。这些举措不仅丰富了教育内容,也促进了湿地保护意识的普及,为生态文明建设培养了新一代的守护者。

江苏盐城国家级珍禽自然保护区（以下简称"珍禽保护区"）通过"双进"活动，即进学校、进湿地，积极推动湿地自然教育。

在"进学校"方面，珍禽保护区建立了湿地教育和学校教育的可持续互动，让湿地教育种子在学校生根发芽。以科普书籍推进教育融合、以科普活动提高保护意识。珍禽保护区与盐城市教育局合作，编写《盐城湿地：我的家》科普手册，提升教师和学生的湿地保护意识；举办全市中小学教师湿地科普培训班，培训近 300 名教师，提高了其湿地教育水平；举办湿地科普教育微课比赛和全市中小学湿地科普知识竞赛，以赛促学，将湿地知识与学校教育相融合，在教学中积极传播湿地知识，引导更多的师生加入保护世界自然遗产的队伍中。

在"进湿地"方面，珍禽保护区建造丹顶鹤博物馆等生态基础设施，开发湿地科普课程，如《美丽的丹顶鹤》《小小饲养员》等，吸引青少年参与。

通过这些活动，珍禽保护区被授予"国家生态环境科普基地"等多个荣誉称号，实现了研学基地化、人才专业化和活动社会化。珍禽保护区还推动了盐城市多所大中小学校开展湿地科普专题教育活动，成立了少儿湿地学院等教育阵地。通过这些活动，珍禽保护区成功地将湿地教育融入学校教育，培养了公众特别是青少年的生态保护意识，为湿地保护和修复工作作出了积极贡献。

首届中小学湿地科普知识竞赛

雏鹤夏令营老师带领同学认识湿地植物

江苏盐城湿地珍禽国家级自然保护区

　　江苏盐城湿地珍禽国家级自然保护区成立于 1983 年，主要保护以丹顶鹤为代表的湿地珍稀野生动物及其赖以生存的滨海湿地生态系统，总面积 247260 公顷，是世界生物圈保护区、国际重要湿地、东亚—澳大利西亚候鸟迁飞区伙伴关系成员、国际自然保护地联盟成员、世界自然遗产地。区内生物多样性十分丰富，有各类动物 1855 种（其中鸟类 421 种），高等植物 697 种。区内有国家重点保护野生动物 129 种，国家一级保护野生动物 38 种（其中鸟类 28 种），包括丹顶鹤、白头鹤、白鹤、东方白鹳、黑鹳、中华秋沙鸭、麋鹿等，国家二级保护野生动物 91 种（其中鸟类 80 种），有 17 个物种被列入《世界自然保护联盟濒危物种红色名录》。每年 10 月底至翌年 2 月，有 400 ～ 600 只野生丹顶鹤在这里越冬。每年有 2000 多万只候鸟迁飞经过保护区，有近百万只水禽在保护区内越冬，素来享有东部沿海"国家重要湿地基因库"之称。